U0077176

人氣名店的

絕品麻婆豆腐技術

旭屋出版編輯部／編著

瑞昇文化

CONTENS

人氣名店的
絕品麻婆豆腐技術
MAPO TOFU

14

東京・平河町

赤坂四川飯店

四川飯店集團總料理長

鈴木廣明

20

京都・岡崎

京、靜華

店長主廚

宮本靜夫

38

大阪・北新地

RAKUSUI

主廚

佐藤和博

30

大阪・福島

MAISON CHINA UMEMOTO

店長主廚

梅本大輔

48

大阪・福島

中國菜 fève.

店長主廚

畑川 豐

60

兵庫・本山

自然派中華 cuisine

店主

芝田惠次

80

上海湯包小館

愛知・名古屋

株式會社five recipe總料理長

關 雄二

68

海月食堂

兵庫・神戶

店長主廚

岩元 敬士郎

92

新潟・新潟市

飯店義大利軒 中國料理 SHI-EN

飯店義大利軒 副總料理長 中國料理統籌

關優也

102

東京・廣尾

中國菜 老四川 飄香 本店

店長主廚

井桁良樹

東京・經堂

中國四川料理

蜀彩

店長主廚

村岡拓也

東京・代澤

中國料理

金威 KAMU

店長主廚

福田篤志

126

東京・西荻北

中國料理 仙之孫

店主

早田哲也

132

東京・新宿

中國料理 古月 新宿

料理長 高級營養藥膳師

前田克紀

140

東京・高島平

中國四川料理 劍閣

總料理長

鹽野大輔

150

東京・和田

中華銘菜 圳陽

店長主廚

山田昌夫

東京・吉祥寺本町

中國菜 四川 雲蓉

156

店長主廚

北村和人

東京・野方

NAKANO中華！Sai

166

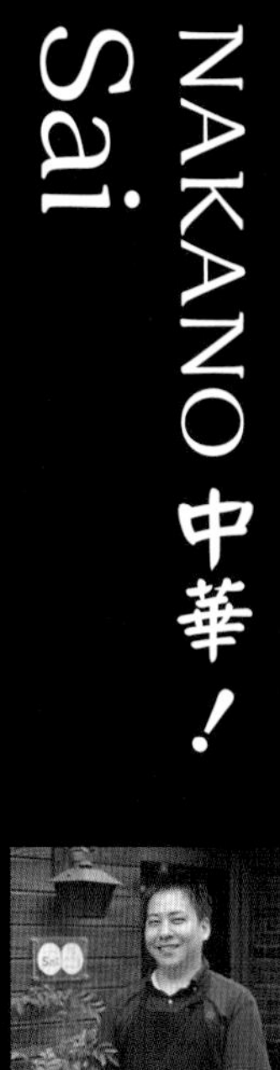

店長主廚

宮田俊介

174

東京・惠比壽

方哉

Chinese Dining

店長主廚

佐藤方哉

閱讀本書前

●在烹調步驟說明中的加熱時間與加熱方法乃依照該店家使用之烹調工具情況記述。

●材料名稱、使用工具名稱有些是依照各店家的稱呼方式記述。

●刊載於本書中的各店技巧、製作方法乃為採訪時（2022年3月～2022年7月）的作法。有許多店家日夜勤奮改良烹調方式、食譜、使用的材料及調味料等，還請理解此為店家技法進化過程中的製作方式及思考方式。

●刊載的菜單照片裝盤及器皿等有些是攝影專用。

●刊載於書上的菜色價格、各店地址、營業時間、公休日等為2022年8月時的資料。可能因故改變營業時間、休業時間或有臨時變動。

陳麻婆豆腐

繼承了日本的「麻婆豆腐之父」的口味及香氣

「赤坂四川飯店」的創業者是被稱為日本麻婆豆腐之父的陳建民先生。此菜色繼承其口味並一路維持至今。現在陳麻婆豆腐依然是店裡最受歡迎的菜色。使用的是為了製作麻婆豆腐特別訂製的柔軟板豆腐。郫縣豆瓣醬使用熟成3年以上的產品。與該豆瓣醬特別對味的辣油區分為麻婆豆腐專用及擔擔麵專用兩種。豆腐雖然是特別訂製的產品，但其硬度、水分還是每天會略有差異，因此必須要加以辨別後，確實添加太白粉水勾芡。就算使用了溶於相同水量的太白粉，一樣分3次加入，但不能3次平均加入，而是斟酌每次的添加量。必須恰到好處讓豆腐不要冒水出來，這款吃到最後都好吃的麻婆豆腐，所有分店都繼承了作法。

陳麻婆豆腐

日幣2000元

炸醬肉末

除了用在麻婆豆腐以外也會使用在擔擔麵中。畢竟要用在擔擔麵和麻婆豆腐這兩項特別受歡迎的菜單中，因此要徹底帶出豬肉的美味。添加調味料拌炒後要好好炒到湯汁轉為透明感。

［材料］

豬絞肉（紅肉7比脂肪3）…400g
紹興酒…1大匙
醬油…3大匙
甜麵醬…3大匙
胡椒…少許
白絞油…適量

［製作方式］

❶ 在鍋中淋油後翻炒豬絞肉。不時要淋一點白絞油，一邊炒一邊把絞肉打散。

辣油

準備麻婆豆腐專用的辣油。重視漂亮的紅色及辣度，使用韓國辣椒粉及朝天椒辣椒粉製作。沉澱的辣粉也要攪拌後使用。此辣油也會使用在一部分前菜當中。擔擔麵用的辣油是以炒過陳皮、八角、生薑、蔥等香料的油淋在辣椒粉上，做成重視香氣及俐落口感更勝於辣度的辣油。

❷ 就算肉熟了，如果肉汁還是混濁的樣子就要繼續翻炒，一直炒到湯汁變成透明的。

❸ 炒到油都變成透明的以後，肉就會開始沾黏到鍋邊，因此要換一個鍋子，然後添加調味料。

❹ 加入紹興酒、醬油、甜麵醬、胡椒之後翻炒。剛開始炒的時候湯汁會變得混濁，要一直炒到醬汁變成透明的。

❺ 添加調味料繼續翻炒，混在油脂當中的水分會逐漸蒸發，油也會變得透明。炒到這個時候就完成了。

❻ 移到調理盤之類的地方放涼。

『赤坂四川飯店』的陳麻婆豆腐製作方式

[材料]

板豆腐…1塊
郫縣豆瓣醬…1大匙
大蒜（剁碎）…1小匙
一味唐辛子…1小匙
高湯…150ml
炸醬肉末…80g
豆豉醬…1小匙
紹興酒…1大匙
醬油…1大匙
胡椒…少許
蒜葉…20g
蔥（剁碎）…1/3根
太白粉水…適量
白絞油…適量
辣油…2小匙
山椒油…少許
山椒粉…少許

[製作方式]

① 豆腐切成1.5cm塊狀，加入1小撮鹽巴（分量外）來煮。煮到豆腐滑溜有彈性。

② 在鍋中熱油，把大蒜、郫縣豆瓣醬、辣油、一味辣椒粉放入，以小火拌炒爆香。

③ 添加高湯攪拌一下，放入炸醬肉末、豆豉醬、剛才煮好的豆腐。

④ 攪拌的時候不要破壞豆腐的形狀。以紹興酒、醬油、胡椒調味。

⑤ 添加蒜葉、蔥，轉小火，邊旋轉晃動鍋子邊由鍋邊倒入1/3太白粉水。一邊觀察凝固狀況並將剩下的太白粉水分2次加入，也要斟酌倒下去的位置。

⑥ 等到整體勾芡完成以後就開大火炒熟太白粉。

⑦ 添加辣油、山椒油後開大火加熱，然後裝盤。撒上山椒粉後完成。

陳麻婆豆腐飯

賽麻婆豆腐

解析1870年代的麻婆豆腐，並使其於現代復甦

1958年前後曾有人編纂各省名店看板菜色食譜打造出古典名著《中國名菜譜》。宮本靜夫主廚取得那珍貴的書籍以後，從10年前便開始舉辦《中國名菜譜》解析讀書會。在疫情前已經分析了大約30道菜色。其中也包含了接下來介紹的「陳麻婆豆腐飯」，這是將現存於四川省的名店「陳麻婆豆腐」於1870年起提供的食譜，根據當時的時代背景盡可能重現出來的菜色。最大的特徵是不使用豆瓣醬而以辣椒來製作。另外因為當時有個假說是「將原先負責貨運的老水牛的肉打碎之後製作麻婆豆腐」，因此使用經產牛（譯註：指已經生過小牛的母牛），飯則衡量當時的精米技術以後使用雜穀米飯。高湯因為《中國名菜譜》上就寫著是使用牛尾和豬肉製作的濃郁湯頭，所以本店使用的是熬煮濃縮後的二次上湯。另一方面為了配合飯類，也斟酌著減少一些油脂。而「賽麻婆豆腐」則是俐落感與辛辣讓人印象深刻的湯品。豆腐、辣椒、牛肉、豆豉等「陳麻婆豆腐」的要素沒有改變，但外觀卻大不相同。宮本主廚表示「麻婆豆腐最重要的就是辛辣、鹽味、油分的均衡感。正因為這是所有人都知道的常見菜色，所以專家要做的就是追求材料的刀工、火候等細節。今後我仍然會繼續改良」。

陳麻婆豆腐飯

日幣19800元起 套餐中的品項

賽麻婆豆腐

日幣19800元起 套餐中的品項

蒜蓉豆豉

將四川產豆豉切細剁碎以後油炸，與大蒜拌在一起，然後再細切。

甜麵醬

京都產紅味噌1kg對上中國產甜麵醬200g、水1L、細砂糖400g、濃口醬油200ml、紹興酒200ml全部混合在一起，一直熬煮到剩下2/3量，就會相當可口且口味濃厚。

上湯

全雞、雞翅、豬小腿肉作為基底的湯頭，添加全雞、雞翅、豬腱肉、牛腱肉、鴨肉、金華火腿之後蒸4～5小時做出的濃郁高湯。

辣椒

「陳麻婆豆腐飯」採用香氣濃郁而有著溫和辣味的四川產朝天椒以及顏色鮮豔的一味唐辛子粉1比1混合使用。「賽麻婆豆腐」使用特徵為俐落辛辣的中國產鷹爪辣椒。為了讓辛辣度容易溶出會稍微切一切，連同辣椒籽一起使用。

清湯麻婆豆腐用

陳麻婆豆腐飯用

豆腐

豆腐是向豆腐老鋪「平野豆腐」（京都市中京區）購買。為了貼近1958年出版的《中國名菜譜》中的「陳麻婆豆腐」材料的石膏豆腐，「陳麻婆豆腐飯」使用的是板豆腐❶。而「賽麻婆豆腐」重視口感，因此使用嫩豆腐❷。兩種都使用日本產大豆並以鹽滷凝固，用水則是京都的地下水。

牛肉

由於假說中認為「1870年代的中國四川省會將輓獸（作為勞動力使用的動物）工作告終的老水牛的肉打碎，用來製作麻婆豆腐」，因此本食譜使用經產牛。照片上的肉來自原先生產起司的牧場乳牛，是瑞士褐牛種的老牛肩胛肉。由肉類「前置準備」相當有名的「SAKAEYA」（滋賀縣草津市）購入。

『京、靜華』的陳麻婆豆腐飯製作方式

[材料]（事前準備量）

板豆腐…400g
經產牛…200g
濃口醬油…10g
甜麵醬…20g
豆豉…15g
花生油…適量
A
　朝天椒辣椒粉…5g
　一味唐辛子…5g
　辣粉…5g
二次上湯…150ml
濃口醬油…15g
鹽…適量
蒜葉…50g
太白粉水…適量
辣油…適量

五穀飯…適量
花椒（粉末）…適量

[製作方式]

① 經產牛以手剁的方式剁碎，在中華鍋中用花生油翻炒。

② 接下來添加濃口醬油、甜麵醬繼續翻炒，然後添加剁碎的豆豉及材料A繼續炒。添加二次上湯熬煮。在古典名著《中國名菜譜》中是每次出菜時製作，但目前店內是事先做好麻婆醬料備用。這樣口味也會更加順口。

⑤ 將步驟4煮好的麻婆淋在已經盛裝好飯的器皿中，撒上花椒粉。

③ 將切成1.5cm塊狀的板豆腐燙過後放入步驟2的鍋中。

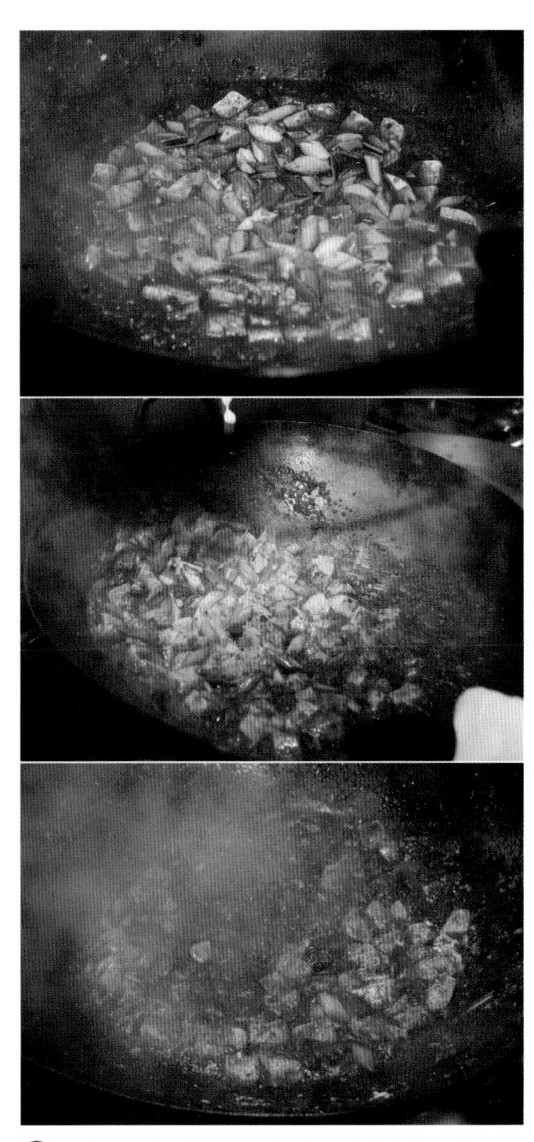

④ 以濃口醬油、鹽巴調味後，加入蒜葉煮約3分鐘。用太白粉水勾芡後淋上辣油，在鍋邊湯汁燒焦前關火。

京、靜華

『京、靜華』的賽麻婆豆腐製作方式

［材料］

嫩豆腐…400g
上湯…適量
辣清湯※…300ml
豆豉肉末※…適量
鹽…適量
太白粉水…適量

※辣清湯

［材料］（事前準備量）

雞胸肉…200g
水…500ml
上湯…1L
鷹爪辣椒…10g
花椒…15g

※豆豉肉末

［材料］（事前準備量）

經產牛…100g
濃口醬油…10g
甜麵醬…10g
蒜蓉豆豉…30g
蒜葉（剁碎）…適量
花生油…適量

［製作方式］

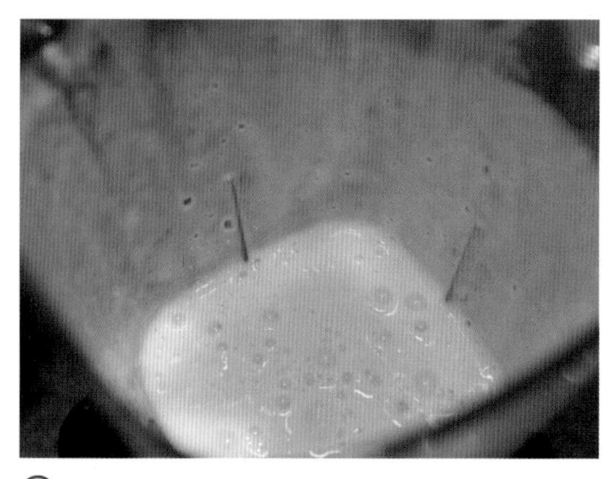

① 製作辣清湯。將雞胸肉與水以食物處理器打成泥，做成略稀的泥狀。

② 將步驟1的材料放入冷卻的上湯，並開小火，一邊攪拌一邊緩緩加熱。如果加熱速度過快會導致蛋白質迅速凝固，就無法溶出美味。蛋白質凝固後就把浮游物拿掉，等到鍋邊開始冒泡、湯頭也變透明後就關火，靜置10分鐘後過濾。

③ 重新加熱步驟2的湯頭並使其沸騰，為了讓辣度容易顯現，鷹爪辣椒下鍋前要切一切，放入後馬上關火，靜置約10分鐘讓溫度下降到約50℃左右。冷卻後添加花椒，靜置30分鐘後過濾。若是在湯頭過熱的時候添加花椒，會使湯的顏色變黑，因此要放涼後再加。

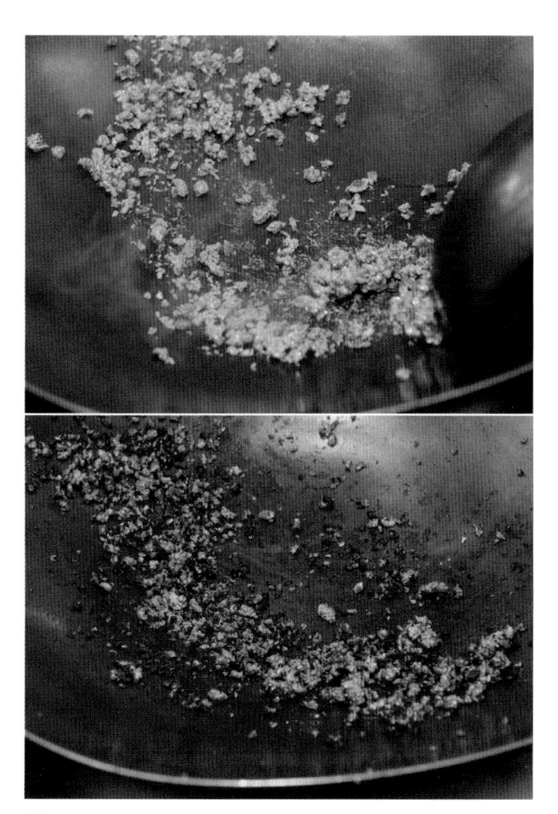

④ 製作豆豉肉末。在熱好的中華鍋中淋上花生油，翻炒切過的經產牛。變色後就添加濃口醬油、甜麵醬繼續翻炒，放入蒜蓉豆豉後關火。

⑥ 將嫩豆腐切成1.5cm塊狀，添加上湯後使用100℃蒸烤爐蒸約5分鐘。

⑤ 將步驟4的材料剁成更碎的樣子，用廚房紙巾包起來擰出多餘的油。與燙過、切碎並且擰乾水分的蒜葉拌在一起。

⑧ 把步驟6的豆腐適量放在廚房紙巾上吸取水分，盛裝到溫熱過的容器當中。淋上步驟7材料後撒上步驟5的材料。豆豉的顏色很容易染到湯，因此要上桌前才灑。

⑦ 將步驟3的材料放到中華鍋中加熱，以鹽巴調味後加入太白粉調整。

四川麻婆豆腐

追求香氣四溢、辣度適中、麻度爽快的招牌菜色

梅本主廚有很長一段時間都在大飯店的廣東料理店服務，獨立之後製作的則是大受ＯＬ及上班族歡迎、辣度出色的四川料理和湖南料理。店裡推薦的菜色前五名分別是①四川麻婆豆腐、②毛澤東肋排、③主廚隨心所欲前菜（9菜拼盤）、④美乃滋大蝦湯、⑤義大利產乳清餵養黑豬糖醋排骨。尤其是四川麻婆豆腐還特別註明「本店自豪招牌菜」。

四川麻婆豆腐的口味重點就是店家自製的山椒油。有著恰到好處的麻辣感且香氣四溢。辣油使用多種辛香料及白芝麻讓香氣更有深度。麻婆醬使用較粗的豬絞肉、豬油製作的蔥油、使用陳皮及大蒜製作的自製豆豉醬，讓美味更上層樓。為了能夠維持熱度，以鐵鍋盛裝、並且加熱鍋子後提供給顧客。

四川麻婆豆腐（大）

日幣2200元

[製作方式]

❶ 將蔥薑放入油內加熱到沸騰，炸到水分蒸發、略焦時取出。

❷ 將朝天椒辣椒粉、拍碎的八角、撕碎的月桂葉、打碎的草果、打碎的桂皮和白芝麻適當拌勻後加水打濕。

自製四川辣油

搭配辣椒粉和辛香料，製作成辣中有著濃郁香氣的辣油。靜置2週後過濾，讓辛辣度與美味更上層樓。也用來搭配口水雞、擔擔麵。過濾下來的辣粉作為可添加在餃子沾醬中增添辣度的調味料。

[材料]（1次準備量）

白絞油（烹調用油）…3L
朝天椒辣椒粉…600g
八角…12g
月桂葉…12g
草果…12g
桂皮…12g
白芝麻…180g
蔥白…80g
生薑…80g
水…200ml

豆豉醬

陽江豆豉、大蒜、陳皮一起炒過之後拿去蒸，做成香味與鮮味十足的豆豉醬。

[材料]（1次準備量）

陽江豆豉…625g
蒜泥…200g
上白糖…125g
陳皮…10g
白絞油…500g

[製作方式]

1. 先將陳皮用水泡開。

2. 洗好豆豉，瀝乾後用食物處理機打碎。

3. 用油拌炒步驟2的材料與大蒜，很容易燒焦，請務必留意。

4. 加入砂糖攪拌，放入步驟1的陳皮攪拌。連同油倒進調理盤中一起蒸30分鐘就完成。

3. 將步驟1的油加熱到180～190℃，用大匙一點一點緩緩加入步驟2的材料中攪拌，重複這個步驟。如果油的溫度過高就很容易燒焦；油的溫度過低又無法完全蒸發水分、也不會有足夠香氣，因此要相當注意油溫。

4. 等到全部的油都充分拌進去之後，靜置兩週左右再過濾。過濾下來的辣粉可用來搭配餃子用的沾醬。

自製山椒油

麻婆豆腐的口味取決於山椒油。若只使用四川漢源山椒來製作，麻度會過高，因此混搭四川漢源山椒和四川山椒，以低溫油炊製的同時注意不要讓山椒燒焦。做出香氣十足而麻度適當的山椒油。

[材料]（1次準備量）

白絞油（烹調用）…3L
四川漢源山椒…300g
四川山椒…500g

[製作方式]

❶ 將山椒放入低溫油中，以小火煮到沸騰，再慢慢提升溫度。注意不要燒焦。

❷ 等到山椒完全失去水分後就關火，裝到預熱過的調理盆中，藉由預熱的溫度使其沸騰。靜置兩週後過濾。

麻婆醬

為了保留豬肉的口感因此不要絞太細。使用豬油製作的自製蔥油、自製豆豉醬、兩種豆瓣醬，做出美味十足的醬料。也用在擔擔麵上。

[材料]（1次準備量）

粗豬絞肉…2.5kg
家常豆瓣醬…100g
郫縣豆瓣醬…100g
蒜泥…300g
薑泥…140g
豆豉醬…125g
甜麵醬…750g
蔥油…450g

[製作方式]

❶ 翻炒。一邊打散豬絞肉，炒到水分揮發、蔥油變成透明的程度。

❷ 加入大蒜、生薑、豆瓣醬、郫縣豆瓣醬，仔細拌炒到薑蒜的水分都蒸發。

❸ 加入豆豉醬、甜麵醬，繼續拌炒的同時要注意不能燒焦，混合均勻後便完成。

『MAISON CHINA UMAMOTO』的四川麻婆豆腐製作方式

[材料]

軟質板豆腐…1塊半
麻婆醬…150g
蔥白（剁碎）…30g
蒜葉…30g
雞骨高湯…300ml
紹興酒…10ml
胡椒…少許
朝天椒辣椒粉…30g
四川漢源山椒粉…3g
自製四川辣油…30ml
自製山椒油…40ml
太白粉水…少許

[製作方式]

① 橫向切開豆腐之後，切成2cm方塊，因為很容易碎掉所以不要水煮。

② 在鍋中熱油，加入麻婆醬、紹興酒、雞骨高湯、醬油（分量外）、胡椒、朝天椒辣椒粉、四川漢源山椒粉後煮到沸騰，放入瀝乾的豆腐熬煮。「超辣麻婆豆腐」則放入4倍量的朝天椒辣椒粉。

④ 以太白粉水勾芡、一邊旋轉晃動鍋子，等凝固到不會再沾鍋以後，就淋入辣油和山椒油。

⑤ 裝入鐵鍋後點火，撒上蒜葉和蔥白，最後撒上山椒粉。

③ 一邊旋轉晃動鍋子，一邊注意熬煮時不要讓豆腐碎掉，等到收乾以後就放入蒜葉、剁碎的蔥白。

五川麻婆豆腐

宛如壽喜燒的五川麻婆豆腐

添加薑燒牛肉和內臟 讓豆腐及白飯更加美味

對於四川麻婆豆腐相當執著，長年追求之下，佐藤和博主廚發現：「麻婆豆腐是在物資並不豐富的時代及地點誕生的餐點。因此使用關西首屈一指高級地區的豐富食材、或者在到處皆美食的北新地開店，總感覺不太對勁。因此我一直思考著在這個地區應該提供的麻婆豆腐是什麼樣的口味、樣貌。」而他所完成的「五川麻婆豆腐」，使用上等黑毛和牛做成符合日本人口味的薑燒牛肉，最後端上的並不是使用四川產的山椒粉，而是選用日本產顆粒山椒做成的佃煮。因為是從四川麻婆豆腐發展而來變化成的菜色，因此命名為「五川」。將重點放在「如何美味享用豆腐、是否下飯」。特別重視的是香氣，因此添加內臟來增添鮮味及香氣，同時將切碎的豆豉與檸檬皮、砂糖一起入菜烹調，這些細節隨處可見其用心。另一方面，「宛如壽喜燒的五川麻婆豆腐」則是因為前述的「五川麻婆豆腐」與薑燒牛肉相當對味，因此確信可以往日式風格方向改良而產生的餐點。在麻婆醬中添加喜界島的砂糖、蔥、薑後當成醬汁，沾雞蛋享用的吃法及材料都跟壽喜燒很相像。這兩樣餐點都是以燉煮方式上菜，相當講究餐點咕嘟作響的表現。

五川麻婆豆腐

日幣2000元

宛如壽喜燒的
五川麻婆豆腐
日幣2600元（附生雞蛋）

國產山椒粒佃煮

「五川麻婆豆腐」要使用鹹甜口味的「和牛薑燒牛肉」，靈感來自於將山椒粒與玉筋魚一起煮成鹹甜口味的「醬燒玉筋魚」，因此使用國產山椒粒製作的佃煮。採用的是擁有彈性口感且香氣宜人的「Bunsen」的「MIZAN」。

豆瓣醬

將熟成3年以上的郫縣豆瓣醬400g與四川豆瓣醬（細粒）400g搭配香辣醬300g與口水雞湯汁200g調配，做出具有繁複香氣、辛辣度及熟成感的獨家豆瓣醬。

豆腐

「五川麻婆豆腐」使用口感滑順的嫩豆腐。「宛如壽喜燒的五川麻婆豆腐」則使用烤過的板豆腐。兩者都是購買自「岡田屋本店」（大阪市中央區）。

溜醬油

由於「希望能使用就連原料都相當明確的材料」而採用國產溜醬油。最常使用的是「藏元桝塚味噌」（愛知縣豐田市）的大豆味噌溜醬油「本溜～味噌溜醬油～」。店長相當喜愛其顏色、熟成風味及香氣。

和牛薑燒牛肉

麻婆豆腐在中國四川誕生時是使用水牛，因此肉類使用牛肉。由於店家位於高級店林立的北新地，因此奢侈地使用A4等級以上的黑毛和牛「鳥取因幡萬葉牛」的五花肉。原本也曾以過油或者燉煮的方式搭配，但做成薑燒牛肉的鹹甜風味更符合日本人的口味，也變得更加溫和。由於麻婆本身的醬汁就偏鹹，因此在做薑燒牛肉時盡可能不要用太多醬油。

汆燙和牛小腸

切成1cm左右汆燙，再用冰水來冰鎮，讓和牛小腸除了美味還更添口感。雖然也曾嘗試牛胃或小腸段，但這種調理法讓口感和油脂給人的感受最為適中，因此採用。

豆豉

將剁碎的3片大蒜用低溫菜籽油炸到變成金黃色以後，與剁碎的檸檬皮混合，接著放入以食物處理機打碎的四川產豆豉2袋和少量砂糖，以製作油封的方式慢慢低溫油炸。直接冷卻後在1～2週內使用完。豆豉和柑橘類相當對味，搭配在一起能夠增添清爽香氣。

辣粉

辣油使用八角、桂皮、山椒、陳皮、香菜、蔥頭、洋蔥、大蒜、薑皮、鷹爪辣椒先製作出蔥油，將此蔥油加熱到190℃之後把用水打濕的辣椒粉（朝天椒1kg拿掉種子、韓國產辣椒300g、青山椒50g）放入攪拌，放置幾天後完成。浮在上面清澈的那一層可以作為辣油使用，下層的辣粉則用在麻婆豆腐當中。蔥油裡面因為有八角和桂皮、辣椒則因為添加了青山椒而讓整體香氣更顯濃郁。

『RAKUSUI』的五川麻婆豆腐製作方式

[材料]（2人份）

嫩豆腐…245g
麻婆醬※…130g
和牛薑燒牛肉※…60g
汆燙和牛小腸…35g
蒜葉…40g
蔥、薑（剁碎）…15g
太白粉水…適量
辣油…33g
國產山椒粒佃煮…2大匙

※和牛薑燒牛肉

[材料]

黑毛和牛五花（切片）…3kg
濃口醬油…80g
純米酒…300g
喜界島的砂糖…160g
生薑（剁碎）…150g
芝麻油…適量

※麻婆醬

[材料]

菜籽油…1鍋勺
山椒…1小撮
豆瓣醬…500g
純米酒…120ml
豆豉…400g
辣粉…300g
甜麵醬…100g
雞骨高湯…2500ml
國產溜醬油…120ml

[製作方式]

① 製作和牛薑燒牛肉。在鍋中淋上芝麻油後拌炒生薑，在燒焦前加入牛肉，添加砂糖與酒攪拌後蓋上鍋蓋悶煮。

③ 製作麻婆醬。在中華鍋中加熱菜籽油，添加山椒後用中火熬煮，在燒焦前瀝起來。然後添加豆瓣醬翻炒。

② 散出蒸氣之後就從鍋底翻起再攪拌。煮約15分鐘後水分開始減少，就添加濃口醬油。如果有爆油的聲音就攪拌一下撈起來，瀝掉多餘的油脂。放在調理盤上冷卻。

⑥ 將切成均等小方塊的嫩豆腐以鹽水煮過，瀝乾後放入步驟5的大鍋中，蓋上鍋蓋繼續熬煮。

⑦ 等到水分揮發、醬汁都沾上材料後就淋入太白粉水調整並淋上辣油。裝盤後放上國產山椒粒佃煮。下方的器皿鋪上鹽巴後稍微用酒精浸濕，將裝了麻婆豆腐的盤子放在上面，點火後上菜。

④ 開始溢出香氣後就將純米酒、豆豉、辣粉、甜麵醬、雞骨高湯、國產溜醬油添加到步驟3的鍋中，再次煮到沸騰後轉小火煮約15分鐘。把先前製作、用剩的麻婆醬添加進去，以鹽巴調整味道後倒入方型調理盤置於常溫下一天 。最後的收工時間相當短，所以這時候一定要好好熬煮，這樣風味就會融合在一起。

⑤ 最後調整。將麻婆醬放入中華鍋中加熱到沸騰，添加和牛蕈燒牛肉、汆燙和牛小腸、蒜葉、剁碎的薑蒜後熬煮。

『RAKUSUI』的宛如壽喜燒的五川麻婆豆腐製作方式

[材料]（2人份）

烤豆腐…136g
麻婆佐料醬汁※…120ml
蔥白（斜切）…適量
金針菇…適量
蒟蒻絲…適量
和牛肉片…70g
蒜葉（切小段）…30g
國產山椒粒佃煮…1大匙
雞蛋…2個

※麻婆佐料醬汁

[材料]

麻婆醬…1L
A
喜界島的砂糖…90g
蔥、薑（剁碎）…45g

[製作方式]

① 將「五川麻婆豆腐」的醬汁煮沸，添加A後攪拌均勻，稍微煮一下。如果先前有做剩下的麻婆佐料醬汁就加進來。

④ 淋上沸騰的麻婆佐料醬汁。放上國產山椒粒佃煮。蓋上鍋蓋後以固體燃料加熱，同時另外盛裝打好的生蛋上菜，約8分鐘後拿起鍋蓋。

② 在不鏽鋼製小鍋中淋上菜籽油（分量外）。蔥白斜切、金針菇去掉蒂頭後撕開、蒟蒻絲稍微切一下然後盛裝到鍋中，為了避免肉片燒焦，把和牛肉片放在蔥上面。

③ 將烤豆腐切成大塊後水煮，蒜葉過油後盛裝在步驟2的鍋子裡。

陳麻婆豆腐

特辣麻婆豆腐

香菇麻婆鍋巴

重視支撐整體口味的鮮味。除了提高效率外也做出豐富香氣

畑川豐主廚特別重視的就是鮮味。麻婆醬使用雞油及熬煮第二次的高湯，炸醬肉末則同時活用了牛肉與豬肉兩者的濃郁鮮味，不使用味精等調味料卻有著適當鮮味。另外「香辣麻婆醬」是在前一日就製作好，除了能在口中帶出濃郁香氣及辛辣以外，也相當重視烹調的效率。最後會淋上青花椒榨成的藤椒油，讓香氣更上層樓。以這些步驟製作出來的「陳麻婆豆腐（fève式特製麻婆豆腐）」是中午就能賣出50盤以上的招牌商品。而「特辣麻婆豆腐（給愛好超辣餐點的人）」則有著辣度十足的辛辣及鮮辣，使用不同辣味的3種辣椒做成香辣麻婆醬帶出口味深度。豆腐使用板豆腐，咀嚼後溫和的豆腐留在口中的餘韻與超辣醬汁混合在一起，是到最後一口都美味的菜色。另外，「香菇麻婆鍋巴（使用三種菇類製作的麻婆風味鍋巴）」則是瞄準了看上去是麻婆豆腐，其實卻沒有很辣的意外性。使用蠔油製作、腐皮的口感也更顯菜色溫和。鍋巴當中會使用當季材料來帶出季節感，除了菇類以外，也常使用玉米、水茄子、銀杏等能夠搭配的當季蔬菜。

陳麻婆豆腐

日幣1320元（照片為晚餐時間的單點菜色）

特辣麻婆豆腐

日幣1420元

香菇麻婆鍋巴

日幣1420元

廣西辣粉

山椒

粉末四川花椒是將四川產花椒3對四川產花椒1的比例混合後拌炒做成粉末狀。「幺麻子藤椒油」是將早上摘下的藤椒當天就以壓縮方式萃取，混合菜籽油做成的山椒油。清爽又豐裕的香氣令人喜愛。

清湯

使用雞骨、豬背骨製作的高湯添加帶有鮮味的老雞絞肉烹煮，再取用澄澈的清湯。用第一道湯會較為清淡，因此麻婆豆腐會使用煮第二次的湯（照片）來帶出濃郁感。

麻婆醬

主要使用3年以上的郫縣豆瓣醬，油分的兩成使用雞油來增添鮮味與香氣。為了在偶爾咬到殘留於齒舌之間的豆豉時能感受到鮮味與口感，豆豉使用食物處理機打成較大的顆粒，並且靜置一天以上使口味更加融合，為了不讓香氣與辛辣味散逸，在要使用前才添加香辣醬等其他調味料。

辣椒

「特辣麻婆豆腐」使用3種辣椒。乾燥辣椒能帶來豐富的香氣、廣西辣粉能給予喉頭陣陣火辣感、黃燈籠辣椒醬（海南島產黃色豆瓣醬）則有著刺痛般的辛辣及鹹度。一般使用乾燥辣椒時會取出種子，但此菜色為了辛辣度而留著種子。

乾燥辣椒

黃燈籠辣椒醬

豆腐

「陳麻婆豆腐」重視所有人都能輕鬆入口的口感，因此選擇口感柔軟的嵯峨豆腐（照片左下）；「特辣麻婆豆腐」考量到咀嚼豆腐的時候能夠與辛辣的醬料混合在一起來帶出餘韻，因此使用板豆腐（照片右下）。兩者都是購買自「小西豆腐店」（大阪吹田市）。而「香菇麻婆鍋巴」使用的是乾燥腐皮。將口感較好的片狀腐皮泡回豆腐的感覺之後切段使用。

雞油

由於不使用味精類調味料，為了補足鮮味因此在麻婆醬中使用雞油。在熬煮店裡要用的湯頭時將上層撈起冷卻凝固，也可以避免浪費材料。

[材料]（2～3人份）

嵯峨豆腐…400g
香辣麻婆醬※…50g
炸醬肉末※…50g
紹興酒…1大匙
清湯…150ml
蒜葉…1支
青蔥…1/2支
蔥白（剁碎）…2大匙
太白粉水…適量
A
自製辣油…1大匙
藤椒油…2小匙
四川花椒（粉末）…適量

※麻婆醬

[材料]

白絞油…800g
雞油…200g
大蒜（剁碎）…300g
郫縣豆瓣醬…1kg
紹興酒…320ml
C
鹽25g
濃口醬油…400ml
甜麵醬…200g
豆豉（剁碎）…250g

※香辣麻婆醬

[材料]

辣粉…40g
香辣醬…30g
麻婆醬※…650g

※炸醬肉末

[材料]

豬絞肉（粗）…50g
牛絞肉（粗）…25g
B
甜麵醬…2小匙
紹興酒…1小匙
濃口醬油…1小匙
胡椒…適量

[製作方式]

① 製作炸醬肉末。在中華鍋中淋上白絞油，放入絞成9mm左右的豬絞肉、牛絞肉之後推開，一開始以煎的方式加熱。等到上色後用鍋勺翻炒，油變透明以後添加B一直炒到水分收乾。放到調理盤上冷卻。

② 製作麻婆醬。加熱白絞油，添加雞油與大蒜後使用打蛋器攪拌邊加熱。香氣出來之後添加郫縣豆瓣醬，為了避免燒焦、加入紹興酒後馬上攪拌。這個時候使用打蛋器而非鍋勺攪拌，大蒜就不會沾在鍋勺上、比較方便。

③ 一邊加熱步驟2的鍋子同時添加材料C攪拌。加入用食物處理機稍微打過的豆豉，在香味沒有散失的時候馬上關火。裝進保存用的容器中，放涼後冷藏一晚。

④ 製作香辣麻婆醬。將辣油瀝一整晚確定辣粉和油分開之後，將辣粉與香辣醬放入中華鍋中翻炒。等到香氣出來以後就把步驟3的麻婆醬加進去混勻，馬上關火。為了避免香氣與辛辣度散失，不要加熱過度。在午餐或晚餐營業時間前再製作。

⑤ 最後步驟。斜切蒜葉及青蔥。豆腐切成1.5cm塊狀，浸泡在水中盡可能不要破壞形狀。用鹽水煮豆腐後瀝乾。

⑧ 在步驟7的材料上淋上材料A的辣油和藤椒油，裝盤後撒上四川花椒。

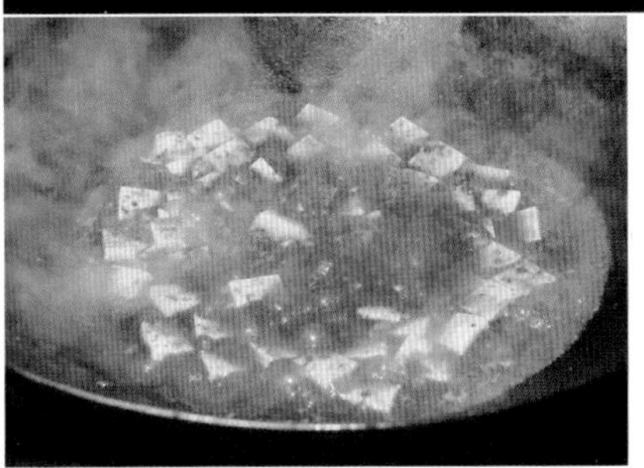

⑥ 在中華鍋淋上白絞油，將步驟1的炸醬肉末與步驟4的香辣麻婆醬加入拌炒。等到出現豆瓣醬的香氣之後就添加紹興酒與步驟5的豆腐。等到豆腐的水分差不多收乾，就添加清湯並轉小火繼續熬煮。

⑦ 煮到湯汁收半乾、豆豉和絞肉能沾上豆腐以後就加入步驟5的蒜葉、青蔥、剁碎的蔥白，將太白粉水分2～3次加入攪拌，增添黏稠感。

『中國菜 fève.』的特辣麻婆豆腐製作方式

[材料]（2～3人份）

板豆腐…300g
乾燥辣椒…10支
黃燈籠辣椒醬（海南島產黃色豆瓣醬）…1小匙
廣西辣粉…1小匙
香辣麻婆醬※…50g
炸醬肉末※…50g
紹興酒…1大匙
清湯…150ml
蒜葉…1支
青蔥…1/2支
蔥白（剁碎）…2大匙
太白粉水…適量

A
自製辣油…1大匙
藤椒油…2小匙
四川花椒（粉末）…適量

[製作方式]

① 斜切蒜葉及青蔥。豆腐切成1.5cm塊狀，浸泡在水中盡可能不要破壞形狀。用鹽水煮豆腐後瀝乾。

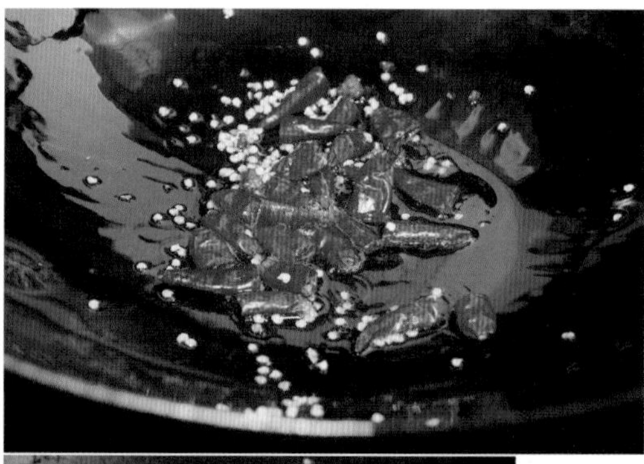

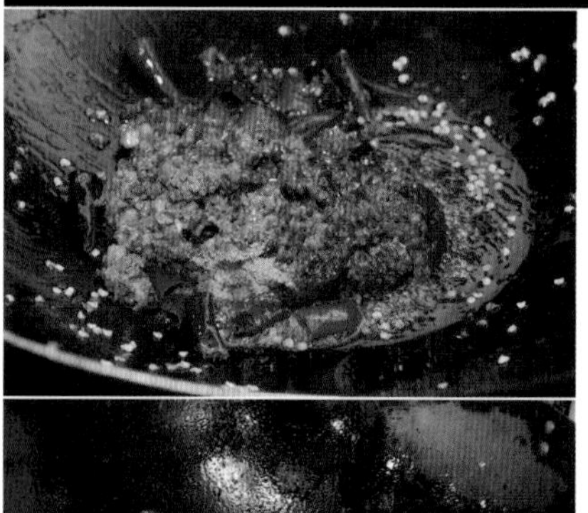

② 以中華鍋用大火熱白絞油後關火。放入切成兩段的乾燥辣椒。因為很容易燒焦，所以只用餘溫翻炒。等到散出有如花生的香氣並且變成紅黑色以後，就開火加入黃燈籠辣椒醬（海南島產黃色豆瓣醬）、廣西辣粉、香辣麻婆醬、炸醬肉末一口氣拌炒。

⑤ 將材料A淋入步驟4的鍋中再稍微攪拌，裝盤之後撒上四川花椒。

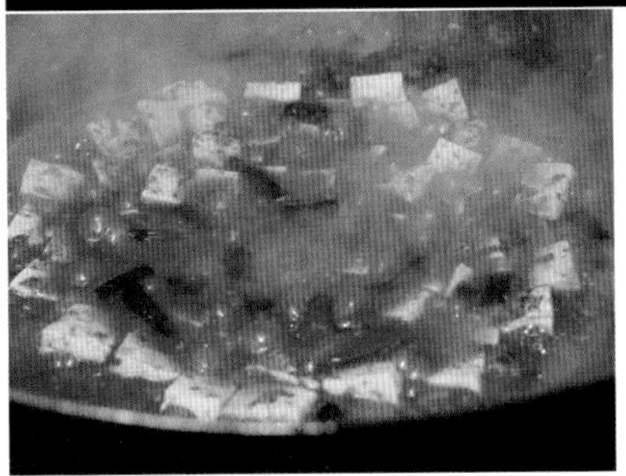

③ 等到爆香以後加入紹興酒及步驟1的豆腐。等到豆腐的水分差不多收乾，就添加清湯並轉小火繼續熬煮。

④ 煮到湯汁收半乾、豆豉和絞肉能沾上豆腐以後就加入步驟1的蒜葉、青蔥、剁碎的蔥白，將太白粉水分2～3次加入攪拌，增添黏稠感。

[材料]（2～3人份）

腐竹（條狀湯葉）…乾燥狀態15g
腐皮（片狀湯葉）…乾燥狀態15g
A
清湯…200ml
鹽…1/2小匙
胡椒…少量
日本酒…1大匙

香辣麻婆醬※…30g
炸醬肉末※…50g
蠔油…1大匙
B
紹興酒…1大匙
清湯…300ml
濃口醬油…1小匙
胡椒…適量
砂糖…1/2小匙
中國溜醬油…1/2小匙
蔥白（剁碎）…2大匙
太白粉水…適量
自製辣油…1大匙
藤椒油…2小匙

最後步驟
蒜葉（斜切）…1支
青蔥（斜切）…1/2支
豆豉（剁碎）…1小匙
四川花椒（粉末）…適量

自製鍋巴…80g
鴻喜菇…30g
香菇…30g
舞菇…30g

[製作方式]

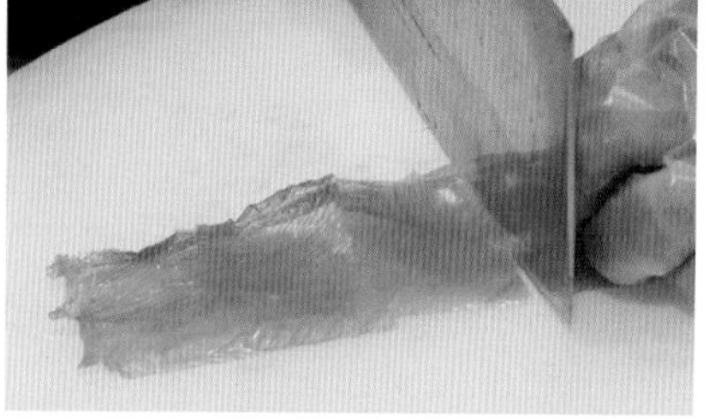

① 將腐竹用水泡發一晚，切成1.5cm長之後和材料A一起蒸30分鐘。將腐皮切成3cm方形之後泡在水（分量外）裡。

② 製作麻婆料。在中華鍋中加熱白絞油，將香辣麻婆醬、炸醬肉末、蠔油都加進去拌炒。

③ 添加調味料B之後再熬煮一下，收乾後就把步驟1的材料加入。

⑥ 在另一個中華鍋中加熱白絞油，溫度上升到180℃～190℃之後就放入自製鍋巴，邊將油淋上邊炸。等到不再冒氣泡之後，就放入去掉蒂頭、一口大小的鴻喜菇、香菇及舞菇，待菇類上色後就起鍋。裝盤後與步驟5的麻婆一起上菜，並在客人面前淋上麻婆料。

④ 再煮一會兒，加入剁碎的蔥白，淋入太白粉水調整濃稠度。加入自製辣油、藤椒油後稍微攪拌一下。

⑤ 裝盤後放上斜切的蒜葉和青蔥、撒上剁碎的豆豉及四川花椒。

八雲豆腐的四川麻婆豆腐

小羊肉、桃子、藍紋起司麻婆豆腐

以6種豆瓣醬做出複雜風味 自製酒釀讓口味更加溫和

使用大量蔬菜帶來季節感的「自然派中華cuisine」。芝田惠次主廚概念中的麻婆豆腐是「帶有山椒香氣及辣椒風味、醬汁少量等符合四川麻婆豆腐樣貌感，但是辣味不會特別突出，整體來說很調和的風味」。由於不使用味精類調味料，因此專注於「風味複雜」。獨家調製的豆瓣醬竟然使用了共6種豆瓣醬，包含濃郁的「黑豆瓣醬」、色調為紅色且辣味直接的「紅豆瓣醬」，兩種以1比1的比例用於麻婆豆腐當中。另外豆豉也搭配了手工剁碎和以食物處理機打成細碎等兩種，使人在咀嚼時能夠感受到鮮味及其複雜口味。還有一項特徵是為了讓口味更加濃郁有深度，添加了自製酒釀。如此一來便多了自然的甘甜，將口味整合得更為柔和順口。名菜「八雲豆腐的四川麻婆豆腐」使用烤皿或土鍋上菜，重視的是打開鍋蓋就會看到巨大山東辣椒的視覺衝擊感。另一方面，「小羊肉、桃子、藍紋起司麻婆豆腐」的食材搭配絕妙到令人震驚。主廚自己相當喜愛藍紋起司與小羊肉的組合，所以試著與今年相當受歡迎的桃子搭配看看。由於小羊肉的野性因此稍微使用了湯咖哩的概念，最後撒上的是咖哩也會使用的尼泊爾山椒。

八雲豆腐的四川麻婆豆腐

日幣1450元

小羊肉、桃子、藍紋起司麻婆豆腐

日幣1780元

豆豉

使用兩種豆豉，並且兩者都各自改變大小來讓鮮度及舌尖觸感都更加複雜。鮮味濃郁的四川產豆豉手工剁粗一點，小的廣東產阳江豆豉就用食物處理機打碎，混合在一起。

豆瓣醬

使用6種豆瓣醬。「黑豆瓣醬」和「紅豆瓣醬」兩種混合豆瓣醬則依照料理區分使用。「黑豆瓣醬」調配了「香辣醬」、「丹丹豆瓣醬」、「家常豆瓣醬」、「3年以上熟成郫縣豆瓣醬」。「紅豆瓣醬」則是「YUKI四川豆瓣醬」、「華 減鹽豆瓣醬」。這兩種「黑」與「紅」豆瓣醬會一比一使用在麻婆豆腐中，做出複雜的口味。

黑豆瓣醬

紅豆瓣醬

山椒

「八雲豆腐的四川麻婆豆腐」使用四川產紅椒❶、四川產青椒❷。「小羊肉、桃子、藍紋起司麻婆豆腐」使用的是在印度食材店購買的尼泊爾山椒❸。比青山椒具備更多柑橘香氣，與小羊肉相當對味。

辣椒

這是「八雲豆腐的四川麻婆豆腐」使用的山東辣椒。特徵是辛辣味溫和，而且帶有豐富香氣。外觀上看起來相當令人震撼，因此在煮麻婆豆腐的時候會直接使用完整的乾燥辣椒。

豆腐

奢華地使用兵庫縣產的大豆、和灘地區酒藏使用的宮水相同水質的六甲山地下水製成的「（株）八雲」的軟質板豆腐。除了希望使用本地產品以外，主廚也相當喜愛此款商品濃厚的大豆氣味。因為能在附近的零售店買到，所以長年以來都使用此款豆腐。

酒釀

使用鳥取縣產的絹娘米、牛奶皇后米、京丹波絹光米及七分玄米的獨家特製酒釀。將營業結束後剩下來的白飯添加酒、米麴、以及蔗糖混合在一起，放在溫暖處靜置一天製作。由於有著自然甘甜、濃郁及深度，因此經常用來取代料理酒。

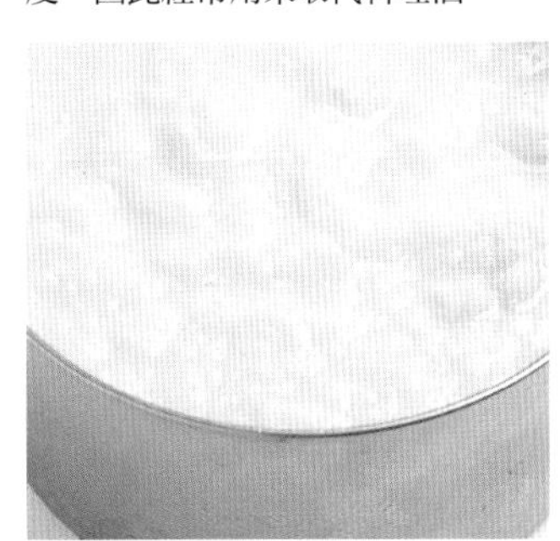

『自然派中華cuisine』的八雲豆腐的四川麻婆豆腐製作方式

[材料]

八雲豆腐…1/2塊
黑豆瓣醬…5g
紅豆瓣醬…5g
豆豉…8g
酒釀…45g
高湯…150ml
肉燥※…50g
山東辣椒…1支

濃口醬油…2g
中華醬油…2g
青蔥…20g
太白粉水…適量
辣油和辣粉…20g
蔥油…10g

最後步驟
紅椒…適量
青椒…適量

※肉燥

[材料]

※肉燥
豬絞肉（粗）…1kg
豬絞肉（細）…1kg
A
 濃口醬油…60ml
 料理酒…60ml
 甜麵醬…250g

[製作方式]

① 製作肉燥。在中華鍋中淋上蔥油，放入粗細兩種豬絞肉，在鍋中推開，使用鍋勺的背面將肉推散，以類似煎烤的方式炒肉。添加A之後繼續炒到收乾並且開始爆油、香氣四逸的時候就關火，放到保存容器當中。從製作當天開始使用。

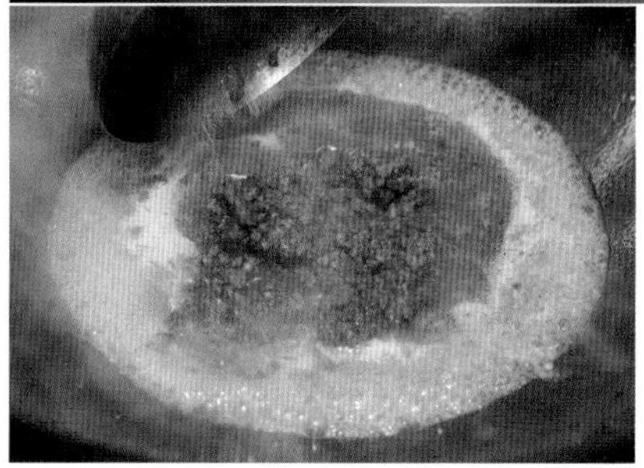

② 在另一個中華鍋中淋上蔥油，放入黑豆瓣醬、紅豆瓣醬、豆豉翻炒。添加酒釀和高湯，煮滾之後添加步驟1的肉燥，稍微熬煮一下。

③ 放入切成均等小方塊的豆腐，加入山東辣椒熬煮。

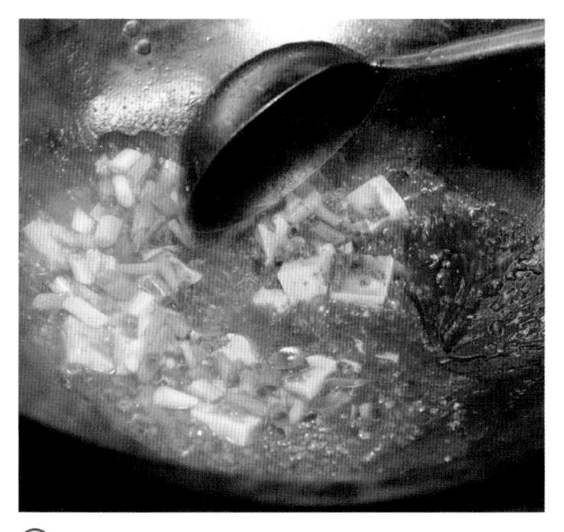

④ 煮到稍微收乾後添加濃口醬油、中國醬油，把切好的青蔥放入攪拌，一直熬煮到看不到豆腐白色的面，然後加入太白粉水勾芡。

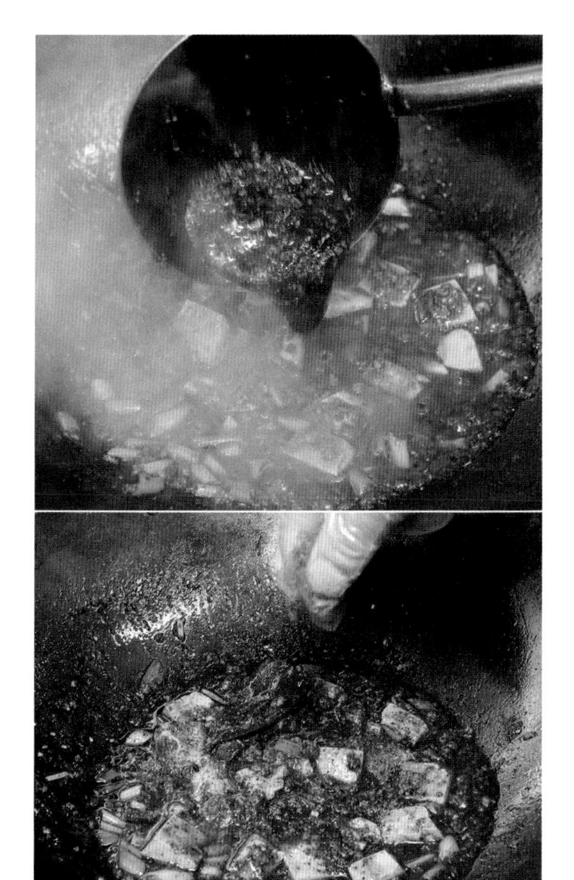

⑤ 添加辣油、辣粉及蔥油攪拌，最後撒上紅椒和青椒。裝盤。

『自然派中華cuisine』的小羊肉、桃子、藍紋起司麻婆豆腐製作方式

[材料]

八雲豆腐…1/2塊
甜桃…50g
桃子…50g
水果酸漿…5個
小羊肉（肩里肌）…100g
藍紋起司…5g
黑豆瓣醬…5g
紅豆瓣醬…5g
豆豉…8g
酒釀…45g
高湯…150ml
中國溜醬油…3g
太白粉水…適量
辣油與辣粉…20g
新鮮茴香…少許

最後步驟
尼泊爾山椒…適量
腰果…適量
開心果…適量
藍紋起司（裝飾用）…適量

[製作方式]

① 甜桃帶皮、桃子則剝掉皮後切成2cm塊狀。

② 在中華鍋中淋上蔥油，加入大致切一下的小羊肉翻炒。等到肉變色以後加入藍紋起司拌炒均勻。

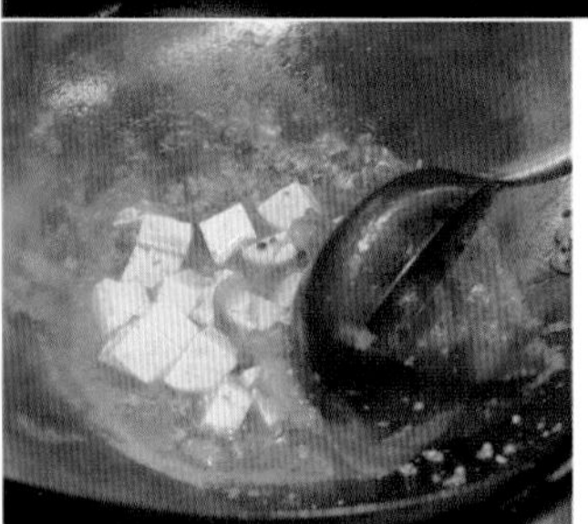

③ 加入黑豆瓣醬、紅豆瓣醬、豆豉翻炒，加入酒釀、高湯後煮沸，然後加入切成均等小方塊的豆腐。

⑥ 裝盤之後放上桃子、水果酸漿、剁碎的腰果、開心果、藍紋起司（裝飾用）。

④ 將中國溜醬油、甜桃加入步驟3的鍋中熬煮，使其口味調和。由於已有藍紋起司因此不使用濃口醬油。一直煮到看不見豆腐白色面以後就倒入太白粉水調整。

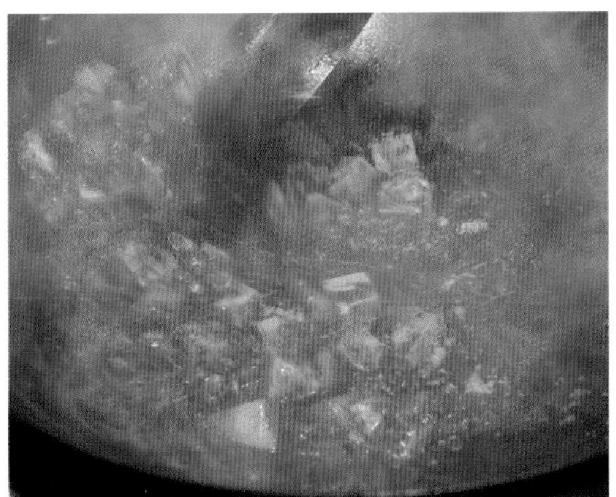

⑤ 添加辣油與辣粉，攪拌後關火，放入切碎的茴香拌勻。撒上尼泊爾山椒。

神戶牛麻婆豆腐

白麻婆豆腐

溫泉麻婆豆腐

帶有辛香料俐落感，目標是適合下酒的風味

「海月食堂」的主題是將中國料理與雪莉酒搭配在一起。岩元主廚表示「並不是以味噌口味為主的麻婆豆腐，目標是讓香料帶來俐落感、吃完之後能夠殘留香料餘韻且非常下酒的菜色」。在這樣的概念下不使用甜麵醬或砂糖，而是能夠帶出自然甘甜及濃郁感的自製酒釀。另外，麻婆豆腐用的豆瓣醬使用3種豆瓣醬和豆豉做出複雜的口味，最後再淋上獨家辣油並以多種山椒帶出複雜的辛香感。在菜單的3種麻婆豆腐中，「神戶牛麻婆豆腐」使用的是鮮味強烈、以牛腱為主的神戶牛絞肉，並運用神戶牛的牛油製作出的蔥油拌炒，充分帶出牛肉的甘甜及其風味。另一方面，「白麻婆豆腐」則是以柚子胡椒代替豆瓣醬；木薑油代替辣油來讓整道料理變成白色，口味相當清爽。而「溫泉麻婆豆腐」則是從佐賀縣嬉野溫泉名產——用溫泉水煮豆腐的「溫泉湯豆腐」得到靈感做出來的冬季菜色。特徵是利用碳酸鈉蘊含溶解蛋白質的作用，讓豆腐擁有入口即化的口感。概念上比較像火鍋，因此除了豬肉以外也與牡蠣等海鮮相當對味。最後剩下來的湯汁也推薦用來做成雜炊或湯麵。

神戶牛麻婆豆腐

日幣1600元

白麻婆豆腐

日幣1000元

温泉麻婆豆腐

日幣1500元

酒釀

將鹿兒島產的日之光米煮好後添加米麴、日本酒、黍砂糖之後攪拌，使用優格機的鹽麴模式（50℃～60℃）處理約8小時。如果想為料理增添甘甜及濃郁感時可使用。

麻婆豆腐用的豆瓣醬

使用3年以上熟成的郫縣豆瓣醬，每100g就搭配使用了30多種辛香料的香辣醬50g、減鹽豆瓣醬30g，清洗過一次之後包上保鮮膜用微波爐加熱10分鐘。風乾一天後加入切碎的豆豉30g、紹興酒20ml攪拌。

山椒

由上方順時鐘為花椒、四川金陽青花椒、日本產山椒，都是整顆放入食物處理機打成粉。

嵯峨豆腐

豆腐使用的是「豆腐屋 原商店」（神戶市兵庫區）的嵯峨豆腐。使用精挑細選的兩種日本產大豆，特徵在於使用大豆分量較多，以鹽滷使其凝固後口感略硬、帶有濃郁大豆甘甜的豆腐。

神戶牛油的蔥油

使用的是腎臟周圍具有鮮味的油脂，切成較大的方塊後以小火加熱，融化後便放入切片的蔥、洋蔥、生薑一直炸到上色後將材料瀝掉。

花椒油

將蔥、生薑、大蒜、花椒、四川金陽青花椒放入米油慢慢加熱到150℃做成的自製山椒油。山椒使用花椒與四川金陽青花椒2比1，雖然基礎口味是花椒，卻也帶有四川金陽青花椒的清新香氣與「麻」感。

香辣油

重視香氣，該店經常使用的自製辣油。用日本酒打濕兩種一味唐辛子之後添加昆布茶粉、花椒、四川金陽青花椒、月桂葉、蔥、生薑、大蒜然後漫漫注入加熱到200℃的米油，用保鮮膜包起來靜置一晚。用日本酒打濕辣椒，能夠帶來水果香氣。加入月桂葉則使香氣更加清爽。

芝麻辣油

重視芝麻油香氣的獨家辣油。為了避免過於油膩，比例為芝麻油對米油六比四。使用的材料、製作方式和「香辣油」相同，不過為了凸顯出芝麻油的香氣，辛香料的比例會稍微減少一些。

『海月食堂』的神戶牛麻婆豆腐製作方式

[材料]

嵯峨豆腐…200g
神戶牛油的蔥油…15g
神戶牛絞肉…80g
蔥油…12g
麻婆豆腐用豆瓣醬…25g
蒜泥…3g
生薑（剁碎）…5g
紹興酒…15g
高湯（雞骨湯）…120ml
味精…0.5g
酒釀…25g
中國溜醬油…1小匙
蒜苗（切小段）…15g
青蔥（切小段）…適量
太白粉水…適量
芝麻油…少許
泡辣老油…1小匙
香辣油…2大匙

最後步驟
花椒（粉末）…適量
四川金陽青花椒（粉末）…適量
日本產山椒（粉末）…適量
香菜…適量

[製作方式]

① 將切成均等小方塊的嵯峨豆腐使用鹽分濃度1.5%的鹽水煮過。這樣一來可以排除多餘水分，讓豆腐帶有些許彈性，既柔軟又口感輕盈。以篩子瀝乾。

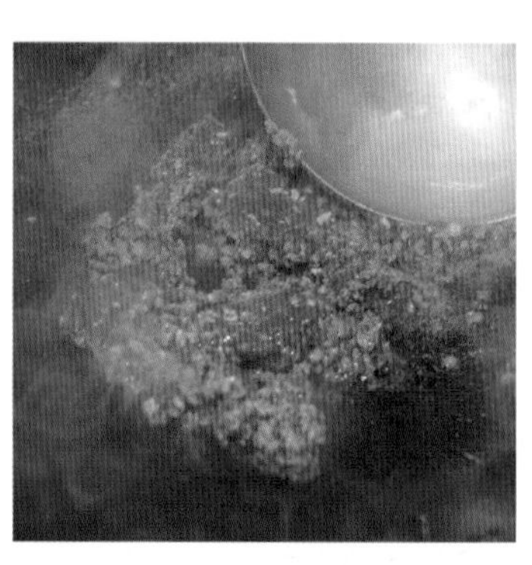

② 在中華鍋中淋上神戶牛油的蔥油，翻炒神戶牛肉的絞肉。中途添加蔥油翻炒。

③ 等到肉熟了以後加入麻婆豆腐用的豆瓣醬、大蒜、生薑翻炒到香味溢出，再添加紹興酒、高湯煮到滾。添加酒釀、味精、中國溜醬油攪拌。

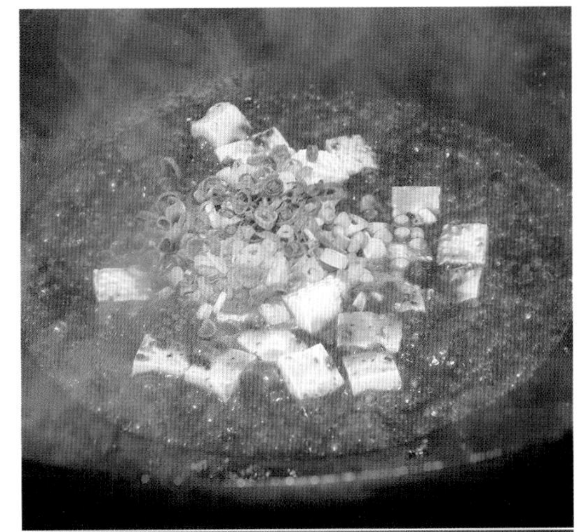

④ 添加步驟1的豆腐、蒜苗、青蔥之後開大火熬煮。煮到水分收乾到能看見豆腐表面、牛絞肉也能沾附到豆腐上，再用太白粉水勾芡。

⑤ 用大火加熱並加入芝麻油、泡辣老油、香辣油攪拌，一直熬煮到鍋邊略焦。

⑥ 裝盤到煎鍋中，撒上花椒、四川金陽青花椒、日本產山椒，最後放上香菜。

『海月食堂』的白麻婆豆腐製作方式

[材料]

嵯峨豆腐…200g
豬油蔥油…15g
雞絞肉…75g
柚子胡椒…5g
生薑（剁碎）…8g
日本酒…1大匙
高湯（雞骨湯）…120ml
酒釀…25g
鹽…1g～1.5g
味精…0.5g～1g
砂糖…3g
胡椒…少許
蔥白（切小段）…25g
太白粉水…適量
花椒油…2小匙
木薑油…1小匙

最後步驟
日本產山椒（粉末）…適量

[製作方式]

① 將切成均等小方塊的嵯峨豆腐使用鹽分濃度1.5%的鹽水煮過。以篩子瀝乾。

② 在鍋中淋上用豬油製作的蔥油，加入雞絞肉翻炒到水分收乾。

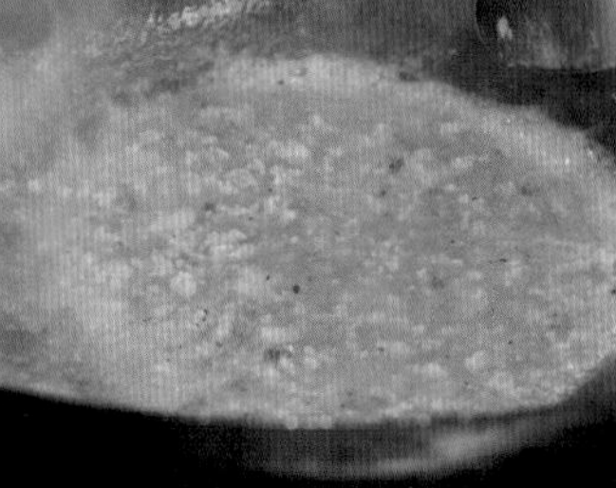

③ 收乾後就加入生薑、柚子胡椒拌炒，香氣溢出以後就加入日本酒、高湯用大火烹煮。

⑤ 等看見豆腐表面、雞絞肉能沾附到豆腐上之後就用太白粉水勾芡。加入花椒油、木薑油後裝盤。撒上日本產山椒。

④ 加入步驟1的豆腐、酒釀、鹽、味精、砂糖、胡椒、蔥白熬煮。

『海月食堂』的溫泉麻婆豆腐製作方式

[材料]

嵯峨豆腐…200g
白菜…2片量（將葉子和菜芯分開）
肉燥※…30g
豬油蔥油…15g
麻婆豆腐用豆瓣醬…40g
蒜泥…4g
生薑（剁碎）…8g
紹興酒…15g
高湯（雞骨湯）…300ml
酒釀…40g
味精…少許
濃口醬油…7g
中國溜醬油…7g
小蘇打…4g
豬五花肉片…80g
鴻喜菇…1/4棵
青蔥…適量
芝麻辣油…1大匙
泡辣老油…1小匙

最後步驟
花椒（粉末）…適量
四川金陽青花椒（粉末）…適量

肉燥

[材料]

豬絞肉…1kg
米油…適量
高湯（雞骨湯）…300ml
A
紹興酒…50g
甜麵醬…200g
濃口醬油…20g
砂糖…15g
生薑（剁碎）…15g
芝麻油…1大匙

[製作方式]

① 在鍋中淋上米油後翻炒豬絞肉。炒到油變成透明以後就將絞肉瀝起，淋上熱水（分量外）後瀝乾，去掉多餘的油脂。

② 將高湯、步驟1的材料、A加入鍋中煮到收乾，最後添加芝麻油，在調理盤上鋪平冷卻。

[製作方式]

① 將白色的葉片與菜芯分開後稍微切一下，將葉片鋪在土鍋底層。放上切成大塊的豆腐、肉燥。將白菜的菜葉鋪在土鍋裡的話，豆腐就不會燒焦。另外白菜一煮就會軟掉，請橫向入刀讓菜芯部分的斷面厚一點。

② 在中華鍋中淋上豬油製的蔥油，放入麻婆用的豆瓣醬、大蒜、生薑翻炒，等到香氣出來以後就加入紹興酒及高湯熬煮。

④ 將白菜芯、豬肉及鴻喜菇盛裝到土鍋內，以小火熬煮約4分鐘。等到豆腐有些化開導致湯頭開始混濁、豆腐邊角也變得有些圓潤之後就放上青蔥、芝麻辣油、泡辣老油，然後從爐子上移開。

⑤ 撒上花椒、四川金陽青花椒。蓋上鍋蓋。上菜時在客人面前掀開鍋蓋。

③ 加入酒釀、味精、濃口醬油、中國溜醬油、小蘇打之後稍微熬煮一下，倒進步驟1的土鍋。添加小蘇打的時候會稍微發生噴濺的情況，還請小心。

麻婆豆腐

少子豆腐

川香豆花

客人包含小孩到追求正統辛辣者，受到廣泛歡迎！

「上海湯包小館」除了重現台灣高雄的五星級飯店——漢來大飯店內的「紅陶上海湯包餐廳」的名菜小籠包以外，還有手工點心、著重正統的中華料理、絕佳湯麵，同時網羅了酒、中國茶、點心等，是提供正統口味的中華休閒餐廳。

麻婆豆腐是午餐及晚餐都相當受歡迎的代表性菜色。豆腐使用的是適合做麻婆豆腐的種類。炸醬為了讓人可以品嘗到肉類美味而使用豬牛混合的絞肉。蔥（剁碎）作為調味料之一會添加較多的量。最後淋上香氣十足的辣油讓口味更加立體。辣度也可以選擇「小辣」、「中辣」、「大辣」，不管是孩童或者追求正統辛辣的客人都能掌握，喜好者甚眾。「少子豆腐」不使用豆瓣醬，是小孩子也能入口的變形款麻婆豆腐。「川香豆花」則是將麻婆醬淋在豆花上。重點就在於因為搭配的是柔軟的豆花，所以調味上會比麻婆豆腐更重。

麻婆豆腐
日幣940元

少子豆腐

（參考商品）

川香豆花

（參考商品）

辣油

也用在擔擔麵上的辣油。除了辣味以外也重視香氣和澄澈的顏色。以能夠呈現澄澈紅色的細磨辣椒粉作為基底，為了帶出香氣再搭配比較粗的辣椒粉來製作。

[材料]（準備量）

辣椒粉（粗）…1kg
辣椒粉（細）…1kg
白絞油…10L
花椒…100g
八角…3片
肉桂…少許
蔥…1支
生薑…1片
水…適量

[製作方式]

❶ 將辣椒粉和水拌在一起，將整體辣椒粉打濕。

炸醬

與其只使用豬肉，不如混入一點牛肉能讓口味更好，因此選用混合絞肉。只用甜麵醬與醬油做簡單調味，也能活用在擔擔麵上。

[材料]（準備量）

牛豬混合絞肉…3kg
白絞油…250～300g
甜麵醬…360g
醬油…180g

❷ 將油放入鍋中加熱，放入蔥、生薑、花椒、八角、肉桂後用大火爆香。蔥使用白色部分和頭的部分。生薑要切成薄片。

❸ 一直炸到蔥變成黑色的，再把油淋在以水打濕的辣椒粉上。

❹ 慢慢將熱油與辣椒粉混合在一起。

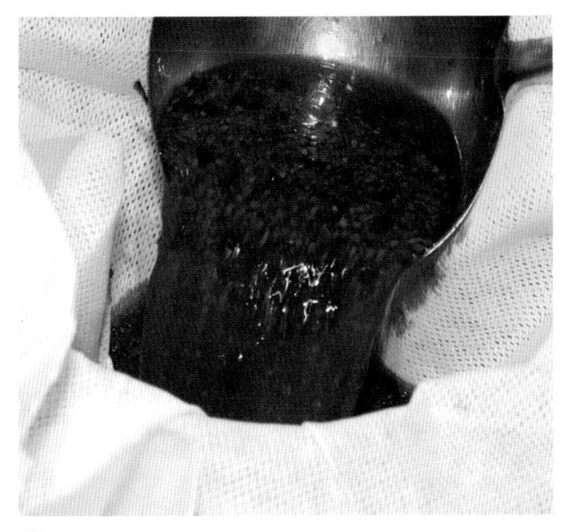

❺ 等到油和辣椒粉調好以後，等待自然冷卻。冷卻後用廚房紙巾舖在篩子上過篩。

『上海湯包小館』的麻婆豆腐製作方式

[材料]

板豆腐…2/3塊
家常豆瓣醬…1大匙
郫縣豆瓣醬…1/2大匙
大蒜（剁碎）…1大匙
高湯…200ml
料理酒…1大匙
醬油…2大匙
韭菜花…適量
炸醬…1又1/2大匙
鹽…適量
味精…適量
蔥（剁碎）…40g
太白粉水…適量
辣油…2大匙
山椒油…適量
青蔥…適量
山椒粉…適量
白絞油…1又1/2大匙

[製作方式]

① 將豆腐對半橫切後，再切成1cm塊狀後水煮。煮到豆腐中間也溫熱，變成滑溜有彈性後取出。

② 將油放入鍋中加熱，拌炒大蒜及豆瓣醬。

③ 等到豆瓣醬顏色開始變化、香氣冒出時就加入高湯，接著添加豆腐。

④ 加入料理酒、醬油、韭菜花之後放入炸醬。

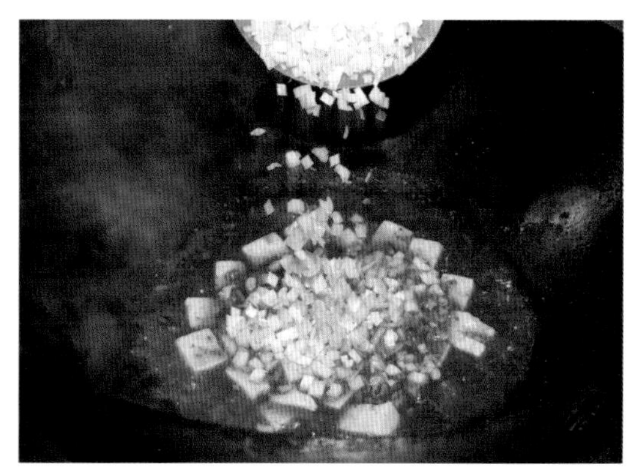

⑤ 添加鹽、味精、蔥。蔥放多一點。

⑥ 從鍋邊淋入太白粉水，接著淋入辣油、山椒油。

⑦ 以鍋勺邊切豆腐邊在鍋內旋轉，攪拌讓太白粉水均勻。

⑧ 裝盤後撒上青蔥、山椒粉。以固體燃料保溫並上桌。

『上海湯包小館』的少子豆腐製作方式

[材料]

板豆腐…1/2塊
炸醬…15g
蝦米…7g
榨菜（剁碎）…14g
高湯…200ml
料理酒…適量
鹽…適量
味精…適量
砂糖…少許
蔥（剁碎）…40g
太白粉水…適量
芝麻油…少許
白絞油…適量

[製作方式]

① 將豆腐對半橫切，再斜切成菱形後水煮。煮到豆腐中間也溫熱，變成滑溜有彈性後取出。

② 將油放入鍋中加熱，拌炒炸醬、蝦米、榨菜。添加高湯、料理酒之後加入豆腐。

⑤ 淋上芝麻油後關火。

⑥ 裝盤並撒上青蔥。

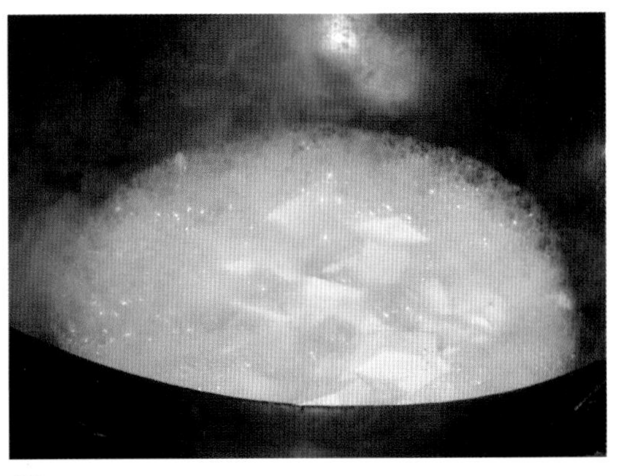

③ 將鹽、味精、砂糖調入。因為有放榨菜，所以加一點砂糖能夠整合口味。

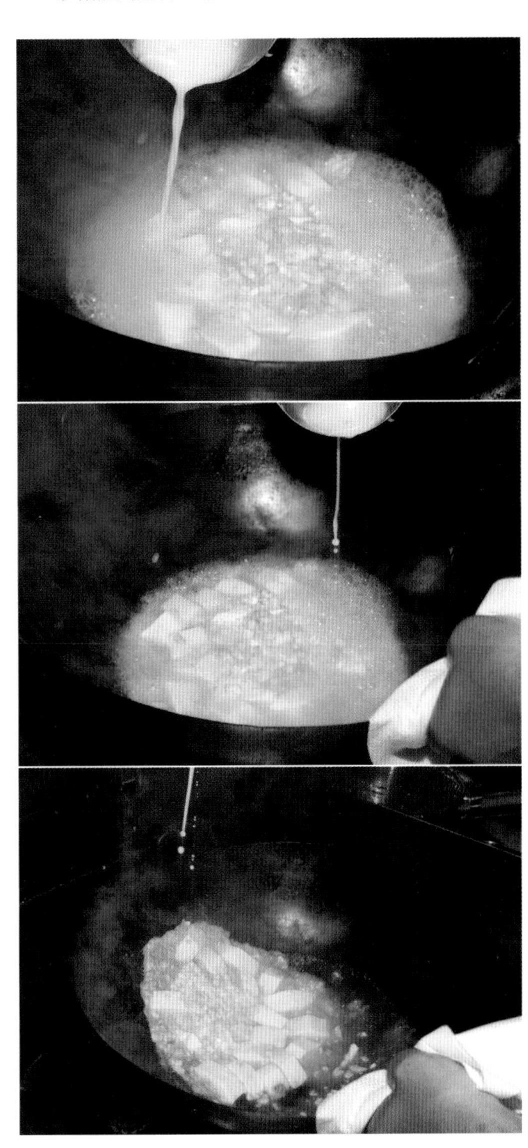

④ 加入蔥，由鍋邊慢慢淋入太白粉水，一邊旋轉晃動鍋子來勾芡。注意攪拌時不要破壞豆腐的形狀。

『上海湯包小館』的川香豆花製作方式

[材料]（準備量）

朧豆腐…1個
新鮮辣椒…1條
郫縣豆瓣醬…1/2大匙
家常豆瓣醬…1大匙
豆豉…少許
炸醬…1又1/2大匙
韮菜花…適量
高湯…100ml
料理酒…1大匙
醬油…適量
鹽…少許
砂糖…少許
味精…適量
蔥（剁碎）…40g
太白粉水…適量
辣油…少許
山椒油…少許
青蔥…適量
山椒粉…適量
白絞油…適量

[製作方式]

① 隔水加熱朧豆腐五分鐘左右。

② 將油放入鍋中加熱，翻炒新鮮辣椒，接著加入豆豉、豆瓣醬拌炒。

④ 添加蔥，淋入太白粉水勾芡。

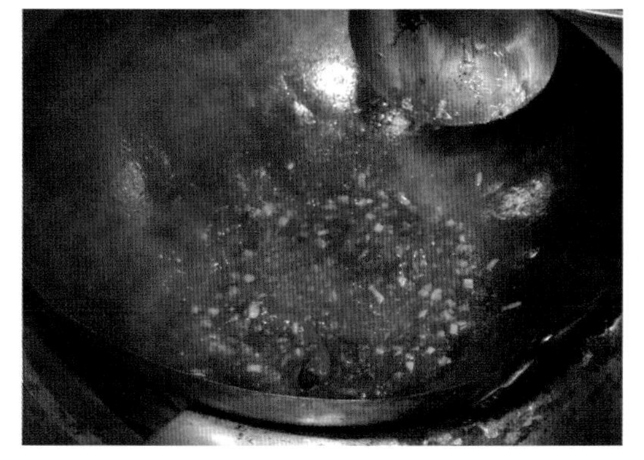

⑤ 調整好以後加入辣油，淋上山椒油。

⑥ 將步驟5的材料淋在朧豆腐上，撒上青蔥、山椒粉。

③ 加入炸醬、韭菜花拌炒，使用高湯、料理酒、鹽、醬油、砂糖及酒精來決定口味。

SHI-EN式麻婆豆腐

植物肉麻婆豆腐

積極進取，做到傳統中華×現代感性的融合

「SHI-EN」提供正統四川料理和廣東料理的招牌菜色，以及活用當季食材的中國料理。可以在此品嘗蘊含自然效能的秋季食材、也會在國際藥膳食育師監修下舉辦藥膳套餐活動，積極進取挑戰全新中國料理、以及融合現代化感性的摩登中華菜。

菜色中相當受歡迎的四川麻婆豆腐的炸醬目前使用的是名為「純白薇安卡」的新潟地區新品種豬。特徵是肉質及油花都有著優雅的甘甜味，能夠將油花也活用在炸醬的調味當中。另外也選用新潟當地製造商龜田製菓發售的「龜田製菓植物肉」來研發「植物肉麻婆豆腐」。這是含有水分也不會輕易散開、同時帶有纖維感特徵的大豆肉，並不只是為了用來代替肉，而是想追求「大豆肉也能做到這麼好吃」，預定２０２２年底會加入菜單。

SHI-EN式麻婆豆腐

日幣2400元

植物肉麻婆豆腐

（包含在特別套餐內）

炸醬

使用新潟縣的新品牌豬「純白薇安卡」的肩里肌肉。這種以優格製造過程中產生的乳清作為餵食飼料一環的豬，特徵是肉質有彈性且香氣十足，油花也帶有高雅的甘甜感。為了活用其油花的美味，會根據顏色及口味來調整老酒的量製作。此炸醬也會使用在擔擔麵上。

辣油

以白絞油炸蔥，關火後直接冷卻，覆蓋鋁箔後靜置一晚。將韓國辣椒粉、乾燥辣椒粉、桂皮、肉桂、月桂葉、八角混合在一起，用料理酒打濕。將前一天做好的蔥油加熱之後，加入辣椒粉混合。直接冷卻，等辣椒粉沉澱後使用上層清澈的油。不使用沉澱後的辣粉。

『中國料理SHI-EN』的SHI-EN式麻婆豆腐製作方式

[材料]

嫩豆腐…2/3塊
大蒜（剁碎）…1/3小匙
郫縣豆瓣醬…1/2小匙
家常豆瓣醬…1/2小匙
雞清湯…60ml
炸醬…50g
料理酒…10ml
醬油…20ml
蒜葉…15g
蔥（剁碎）…30g
太白粉水…適量
山椒油…適量
辣油…適量
山椒粉…少許
白絞油…適量

[製作方式]

① 將豆腐對半橫切後，縱向切為4等分後斜切。在鍋中裝水並加入1撮鹽巴（分量外）後開火，放入豆腐。嫩豆腐很容易破碎，加熱豆腐時要注意水不能太滾。

② 在鍋中熱油，拌炒大蒜及豆瓣醬。

③ 等到爆香後就加入雞清湯、炸醬及料理酒，然後放入溫熱的豆腐。維持中火不要煮滾，攪拌的時候不要弄碎豆腐。

⑥ 淋入辣油、山椒油，快速攪拌一下後裝盤。撒上山椒粉及蔥花。

④ 加入醬油、蒜葉要把莖的部分先下鍋，加入蔥之後再放入蒜葉的葉片部分。

⑤ 繞著鍋邊淋入太白粉水後開大火，攪拌的時候注意不要弄碎豆腐，一直煮到鍋邊有些焦痕。

『中國料理SHI-EN』的植物肉麻婆豆腐製作方式

[材料]

龜田製菓的植物肉…共50g
嫩豆腐…2/3塊
乾香菇（泡發）…1朵
甜麵醬…適量
大蒜（剁碎）…1/3小匙
郫縣豆瓣醬…1/2小匙
家常豆瓣醬…1/2小匙
白菜湯…60ml
料理酒…10ml
醬油…20ml
蒜葉…15g
蔥（剁碎）…30g
太白粉水…適量
山椒油…適量
辣油…適量
山椒粉…少許
白絞油…適量

[製作方式]

① 「龜田製菓的植物肉」取出一部分，使用3%的鹽水以真空包裝泡一天之後切成1cm塊狀。浸泡在鹽水裡是為了帶有濕潤感。

② 「龜田製菓的植物肉」剩餘的量切成1cm塊狀以及一半大小兩種。改變大小是為了營造出口感，也能夠帶出咀嚼時的口味。

⑤ 豆腐的刀法和「SHI-EN式麻婆豆腐（P.96）」一樣，用加入一小搓鹽（分量外）的水加熱豆腐。很容易破碎所以水不能太滾。

⑥ 在鍋中熱油，翻炒大蒜、豆瓣醬。

③ 將步驟2的材料分別以油低溫炸過。油的溫度如果過高或炸太久就會乾巴巴，要多留心。將炸過的植物肉和步驟1泡過鹽水的植物肉一起使用就能夠讓植物肉有更深層的韻味。

④ 泡發的乾香菇配合步驟1的植物肉，一樣切成1cm塊狀。乾香菇也是為了增添口感而加入的。

⑦ 爆香以後加入料理酒、白菜湯，把步驟3炸過的「龜田製菓的植物肉」放進去，同時加入步驟4的乾香菇。

⑧ 接下來將步驟1的「龜田製菓的植物肉」也加進去之後，放入煮過的豆腐、添加醬油。

⑩ 淋入太白粉水後開大火煮，攪拌的時候注意不要弄碎豆腐。

⑪ 淋入辣油、山椒油後快速混合一下，裝盤並撒上山椒粉。

⑨ 將蒜葉的莖部分先下鍋，接著放蔥、蒜葉的葉片部分。攪拌的時候注意不要弄碎豆腐。到這個步驟為止都開中火但不要煮沸。

四川麻婆豆腐

追求正宗四川豆瓣醬風味的口味！

麻婆豆腐的發源地——中國四川的麻婆豆腐口味是取決於豆瓣醬。為了盡可能接近在四川品嘗到的豆瓣醬，「飄香」使用的是二次熟成的豆瓣醬。為了活用蠶豆的香氣及風味，將乾燥蠶豆蒸過，並與辣椒泡菜一起發酵後，再跟郫縣豆瓣醬、家常豆瓣醬共3種四川豆瓣醬混合後的豆瓣醬調合，發酵3～6個月後，將最後的成品用於麻婆豆腐。發酵期間每天都要攪拌使其熟成。炸醬是以牛肉紅肉部分為主的絞肉。甜麵醬則是店家自己使用櫻味噌製作的。使用帶有鮮味的甜麵醬來完成炸醬。六本木店的豆腐也是手工製作，炸醬則是選用短角和牛的絞肉，由於麻婆豆腐相當受歡迎，因此努力挑戰，希望能讓這個品項更加美味。

四川麻婆豆腐

特別菜單

漢源花椒粉

將漢源地方採收的上等花椒取下種子後翻炒做成粉末。

豆瓣醬

將郫縣豆瓣醬、家常豆瓣醬等3種四川豆瓣醬以及蒸過的乾燥蠶豆搭配辣椒泡菜發酵後的材料混合在一起，熟成3～6個月的豆瓣醬。帶有蠶豆的香氣及風味。有著市售豆瓣醬所沒有的獨特香氣。

朝天椒辣椒粉

將朝天椒取下種子後炒到變成紅黑色再磨成粉。會混合一些山椒粉使用。

炸醬

[材料]

牛絞肉（紅肉為主）…200g
白絞油…適量
紹興酒…1小匙
生薑（剁碎）…少許
醬油…6ml
自製甜麵醬…12g

[製作方式]

❶ 在鍋中熱油，翻炒牛絞肉。加入少量水（分量外）的話絞肉會比較好推散。

❷ 稍微加點油，將絞肉在鍋中推開以中火翻炒。

❸ 等到絞肉都熟了、紅色完全消失後就開大火，用炸的感覺繼續翻炒。

❹ 等到肉汁變透明後就添加生薑，接著加入紹興酒拌炒。

❺ 加入醬油繼續翻炒。

❻ 最後加入甜麵醬翻炒。

『中國菜 老四川 飄香』的四川麻婆豆腐製作方式

[**材料**]

板豆腐…1/2塊
炸醬…40g
鹽…適量
白絞油…2小匙
牛油…2小匙
豆瓣醬…略多於1大匙
朝天椒辣椒粉…2小匙
大蒜（剁碎）…1小匙
豆豉…2小匙
紹興酒…1小匙
醬油…少許
雞骨湯…150ml
蒜葉…30g
太白粉水…適量
雞油…適量
山椒油…適量
辣椒粉…適量
山椒粉…適量

① 切好豆腐後以添加少許鹽巴的熱水加溫讓豆腐軟嫩。

③ 等到香氣出現後就添加炸醬、紹興酒、醬油、雞骨湯去煮。

② 在鍋中熱油。添加牛油、豆瓣醬、朝天椒辣椒粉、大蒜之後拌炒，也加入豆豉一起炒。

⑥ 淋入雞油、山椒油，撒上朝天椒辣椒粉與漢源花椒粉後完成。

④ 加入步驟1的豆腐，放入1小撮鹽並關成小火，熬煮到豆腐連中間都溫熱。

⑤ 加入蒜葉，將太白粉水分2～3次淋入旋轉晃動的鍋中勾芡。

麻婆豆腐

午餐與晚餐會區分「辣度」供餐

麻婆豆腐不管是在午餐或者晚上用餐時間都非常受歡迎。不過剛開始營業時提供的是四川口味，有客人表示「山椒的風味過於強烈」。由於店家位於住宅街區，客層的年齡層也較高，因此在午餐時間提供的麻婆豆腐便將辣度及山椒量都降低些。而午餐菜單上也註明希望「辣一些」的客人「請告知店員」。

辣油製作兩種，分別是較辣的以及重視顏色及香氣但壓低辣度的類型。著重顏色及香氣的辣油也用於麻婆豆腐的最後點綴。製作辣度高的辣油時過濾留下來的辣粉，會在客人希望麻婆豆腐辣一點的時候使用。另外晚餐時間提供的麻婆豆腐原則上就是已經添加辣粉的麻婆豆腐，但若客人「希望不要那麼辣」，也會另外製作不添加辣粉的版本。豆腐選擇較為柔軟的板豆腐。切成菱形。炒的時候豆腐的稜角多少會有些破損，不過這樣淋在飯上享用比較美味，所以還是切成這個形狀。

麻婆豆腐

日幣1430元

豆豉

使用四川省永川的豆豉。用水洗過以後將切成一半及沒切過的豆豉混合在一起，撒上料理酒後蒸過，最後搭配油使用。

自製辣油（辣度用）的辣粉

主要使用乾燥辣椒粉製作，可以感受到純粹辣度的辣油。這個辣油過濾下來的辣粉會用來讓麻婆豆腐帶有俐落的辣味。午餐提供的麻婆豆腐不使用辣粉，不過客人希望辣一點的時候也會加入辣粉製作。

自製辣油（色彩、點綴用）

以韓國產辣椒為主，搭配朝天椒的辣椒粉以及八角和桂皮等10種辛香料，淋上加熱的白絞油製成。相較於辣椒粉，白絞油的比例較低，加熱的油溫也不要過高，講究要製作出呈現漂亮紅色且香氣十足的辣油。有時會用來點綴前菜，同時也用於麻婆豆腐最後一個點綴步驟。

[材料]

板豆腐…350g
大蒜（剁碎、油漬）…1/2小匙
蔥白（剁碎）…2大匙
郫縣豆瓣醬（3年熟成）…1大匙
炸醬…3大匙
高湯…100ml
辣粉…1小匙
醬油…1小匙
太白粉水…1大匙
白絞油…2大匙
辣油…2大匙
山椒粉…1小匙
青蔥（切小段）…1大匙

[製作方式]

① 將豆腐對半橫切後，縱切成4等分，然後斜切成菱形，快速煮一下。

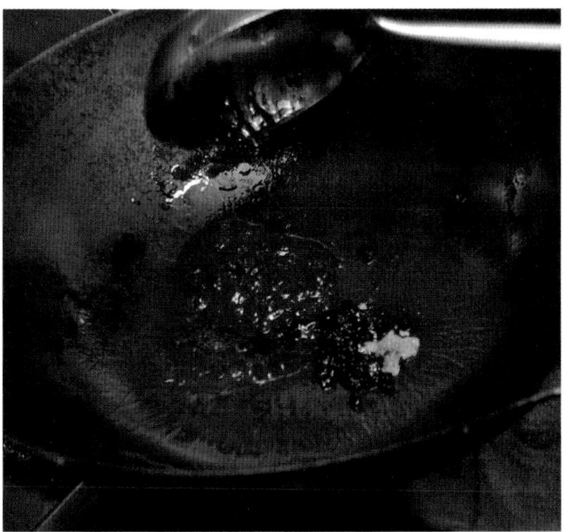

② 在鍋中熱油，拌炒豆豉、大蒜、豆瓣醬。加入炸醬翻炒。

⑤ 加入蔥白混合，添加太白粉水勾芡，攪拌整體。

③ 倒入高湯後加入煮過的豆腐，攪拌整體。

④ 加入辣粉和醬油混合。

⑦ 淋上收尾的辣油後裝盤。

⑧ 撒上山椒粉及青蔥。

⑥ 調整好以後加油繼續烘。

四川麻婆豆腐

追求辛辣、鮮味、香氣的完美均衡！

以廣東料理作為基礎，提供中國各地料理及名菜的「金威」。２０２２年起除了增加標準中國菜色以外，也在晚餐時間提供交由主廚決定的套餐（１３２００日圓）等創作料理，表現出店家個性。麻婆豆腐是招牌菜單當中相當受歡迎而具代表性的菜色。這是相當下飯的菜，因此就連豆腐要切的大小都會考量是否能與米飯相襯。

豆瓣醬使用紅辣椒、青辣椒與發酵蠶豆混合在一起熟成，製作出帶有深度香氣的豆瓣醬。辣油除了辣度以外也帶有鮮味、香氣，同時加上些許醋香帶出炸醬的鮮味。山椒若只用青山椒的話香氣太重，因此搭配花椒使用。不使用砂糖及味精，追求麻婆豆腐整體均衡的好口味，打造成不管是帶著小孩的家族顧客或者獨自前來的客人都能享用、對應客層廣泛的菜單。

四川麻婆豆腐

日幣1628元

青豆瓣醬

混合新鮮青辣椒和黴豆瓣發酵而成。

黴豆瓣

黴豆瓣是發了黴的乾燥蠶豆。

豆瓣醬

使用新鮮紅辣椒、由蠶豆發酵製成的黴豆瓣等混合在一起熟成兩年的豆瓣醬。豆瓣醬本身就重視其辣度、鹹度及鮮味的均衡。

[材料]（準備量）

新鮮紅辣椒…1.5kg
黴豆瓣…2.7kg
米麴…200g
日本酒…150g
上白糖…100g
高筋麵粉…100g
鹽…630g
白酒（此指燒酒、高粱類中式蒸餾酒）…100g

炸醬

炸醬也使用在擔擔麵和炸醬麵。使用脂肪較少的豬腿肉來製作較粗的絞肉，煎到香氣四溢。

[材料]（準備量）

豬腿肉（粗絞肉）…1.5g
大蒜（剁碎）…25g
生薑（剁碎）…25g
八丁味噌…150g
濃口醬油…50ml
日本酒…150ml

[製作方式]

❶ 在鍋中熱油，拌炒的同時推散豬絞肉。

❷ 一直炒到肉汁變成透明的，用篩子將油濾掉。

❸ 在鍋中熱油，翻炒大蒜、生薑，添加八丁味噌、醬油和日本酒，溶開味噌。

❹ 將步驟2的豬肉放回鍋中攪拌。開大火，將絞肉推散到擴及鍋邊，一直炒到出現如同煎肉時的香氣。

[製作方式]

❶ 在調理盆中混合乾燥辣椒粉、韓國辣椒粉、朝天椒辣椒粉。朝天椒辣椒粉要用網目比較細的篩子灑進去。這是由於辣椒會裝進壓罐中使用，若是有太粗的粉末就會導致罐子塞住。被留在篩子上的辣椒粉之後也要淋上熱油。

❷ 將花椒、青山椒粉混入辣椒粉中，整體用醋打濕。

辣油

活用平常過油及烹調使用的白絞油。因為已經帶有各式各樣材料的風味，因此能夠展現出獨特個性。不足準備量的部分就添加新的白絞油製作。除了3種辣椒以外還使用八角、陳皮、桂皮、青山椒和花椒，除了做成香氣豐富的辣油以外，在打濕辣椒粉的時候使用穀物醋，也讓它帶有些許醋香，使得整體形成非常俐落的口味。

[材料]（準備量）

白絞油…8L
乾燥辣椒粉…300g
韓國辣椒粉…60g
朝天椒辣椒粉…300g
穀物醋…200ml
花椒…6g
青山椒…6g
八角…適量
陳皮…適量
桂皮…適量

5 步驟1中留在篩子上的朝天椒辣椒粉也淋上熱油。過濾之後和辣油混合。殘留的粗辣椒粉可以作為「可直接吃的辣油」的材料活用。

3 在鍋中熱油，放入八角、陳皮、桂皮去爆香。

4 等待油溫上升，桂皮變色之後就撈出來，將熱油淋在步驟2的調理盆中。直接放涼冷卻後使用。沉澱在下方的辣粉也會根據料理需求拌入使用。

『中國料理金威KAMUI』的麻婆豆腐製作方式

[材料]（準備量）

板豆腐…2/3塊
鷹爪辣椒…4條
蔥（剁碎）…3大匙
炸醬…2大匙
大蒜（剁碎）…1小匙
豆瓣醬…1小匙
八丁味噌…少許
蒜葉…10g
混合花椒（青花椒1對花椒5）…3g
濃口醬油…1大匙
鹽…1撮
料理酒（日本酒7對紹興酒3）…3大匙
高湯…130ml
辣油…4大匙
芝麻油…2大匙
太白粉水…適量

[製作方式]

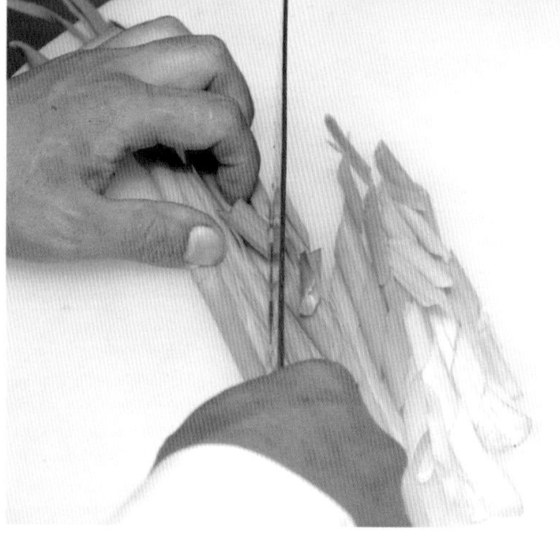

① 選擇較為柔軟的板豆腐，橫向對半切開後，縱向切為3等分，再橫向切為4等分。蒜葉對半直切之後斜切。

② 用熱水迅速煮一下豆腐。不要加鹽。

⑤ 加入炸醬翻炒，也加入料理酒和高湯。紹興酒在炒海鮮類食物的時候會帶有魚貝類的香氣，因此使用添加了日本酒的紹興酒。高湯是用豬腿肉和全雞熬煮的高湯。

③ 在鍋中熱油，用低溫翻炒鷹爪辣椒。要炒到香氣四溢、感覺會很好吃的程度。

④ 加入豆瓣醬翻炒，接下來放入八丁味噌、大蒜、生薑繼續炒。到這個步驟為止都用低溫翻炒爆香。

⑦ 加入蔥、蒜葉之後一邊旋轉晃動鍋子一邊慢慢淋入太白粉水，使其稍微凝結。

⑥ 加入煮過的豆腐，也添加醬油和鹽熬煮。

⑨ 裝盤之後淋上預先混合好的花椒。

⑧ 淋上芝麻油。接著淋上辣油，以類似烘的感覺收尾。

以兩年熟成 自製豆瓣醬製作的 陳麻婆豆腐

使用老家栽種的二條辣椒製作的豆瓣醬，其鮮味就是關鍵

本店提供的餐點以四川料理、上海料理、中國各地鄉土料理及傳統料理為基礎，並以醫食同源概念打造出對身體良好的中國料理。早田主廚相當堅持材料新鮮度，重視的是活用材料來烹調料理。新鮮魚類由漁港直送。店家使用的蔬菜也有七成是由大分縣老家栽種並且直接送來。

麻婆豆腐是招牌菜色之一，晚餐時間會提供4種。以自製青辣椒豆瓣醬製作的「鹽味麻婆豆腐」；使用市售郫縣豆瓣醬與減鹽豆瓣醬製作的「麻婆豆腐」；在「麻婆豆腐」中放入較多辣油和山椒油、山椒粉和辣椒粉的正統四川式辣度「陳麻婆豆腐」；以及使用熟成兩年的自製豆瓣醬製作的「陳麻婆豆腐」。自製豆瓣醬是使用大分縣老家栽種的二條辣椒及發黴蠶豆搭配在一起發酵而成。每年都會進一批剛採收的二條辣椒，花費兩年以上使其熟成後才使用。

以兩年熟成
自製豆瓣醬製作的
陳麻婆豆腐

日幣2400元

辣油

除了麻婆豆腐之外也會使用在擔擔麵上。除了辣椒以外還使用了陳皮、八角、桂皮。製作的時候辛香料較少，使用的時候不混入辣粉。前菜用的辣油會使用12～13種辛香料，並增添辣度較低的辣椒來製作。

山椒油

只使用花椒製作的山椒油。稍微磨碎花椒，放入低溫油中慢慢煮沸，等油溫達到120℃之後就過濾冷卻使用。

自製豆瓣醬

從開店的4年後開始製作自製豆瓣醬。使用新鮮辣椒、水洗並煮過的發霉蠶豆搭配鹽巴一起發酵熟成。新鮮辣椒是大分老家栽種的，品種為來自中國的二條辣椒。鹽分較低但鮮味強烈，是與市售豆瓣醬最大的差異。每年都會製作，熟成兩年以後才會使用。

山椒與辣椒粉

混合比例為鷹爪辣椒2對花椒1。鷹爪辣椒和花椒要分別乾煎之後用食物處理器打碎混合。如果客人希望「辣一點」就會多放點這款辣椒粉。

『中國料理 仙之孫』的以兩年熟成自製豆瓣醬製作的陳麻婆豆腐製作方式

[材料]

板豆腐…300g
自製豆瓣醬…25g
豆豉…7g
大蒜（剁碎）…3g
高湯…80g
炸醬…35g
醬油…20g
山椒與辣椒粉…1.5g
蔥（剁碎）…25g
太白粉水…適量
山椒油…20g
辣油…30g
白絞油…適量

[製作方式]

① 豆腐切成1.5～2cm塊狀後水煮。不要放鹽。豆腐要煮到完全溫熱。

② 在鍋中熱油，翻炒豆瓣醬。接下來放入豆豉、大蒜拌炒。豆豉要先切過、蒸好並浸泡在白絞油內。

④ 放入醬油、山椒及辣椒粉，旋轉晃動鍋子並攪拌混合的時候注意不要弄碎豆腐。

③ 仔細拌炒，等到香氣出現以後就添加高湯、加入炸醬。炸醬使用紅肉3對脂肪1的豬絞肉，添加醬油及少許蔗糖製作。接下來放入煮過的豆腐。

⑥ 由鍋邊淋入辣油、山椒油後攪拌混合，裝盤。為了帶出整體感，所以最後不會撒上山椒粉。

⑤ 放入蔥，以太白粉水勾芡。若是適逢初夏、蒜葉當令的季節就放蒜葉進去。

麻辣豆腐

「牛肉的濃厚鮮味＋自帶口味的豆腐」形成絕佳共演

自2011年開店當時，「麻婆豆腐」就已經作為能讓大家更親近飲食養生的品項、被放進午餐的固定菜單當中。持續追求能夠充分享用牛肉鮮味的肉燥、口味滲入其中的豆腐、辣油俐落辛辣所形成的絕佳共演。該店的肉燥相當多汁，很接近義大利料理中的肉醬，所以比較不像炸醬，更適合稱之為醬汁。讓豆腐也帶有口味之後，為了讓醬汁和豆腐的味道能夠帶有漸層感，所以很注重熬煮豆腐時的大火強弱及熬煮時間。若是讓豆腐的口味太重，那麼整體口味就會變得相當平板，所以開發出用大火煮30分鐘左右便關火的技巧。

製作的時候每次都會精準測量材料分量，嚴謹確認烹調步驟中的顏色、香氣及聲音。醬汁的量比較少，濃稠恰到好處，完成濃郁的醬汁後，再用辣油的油分及辣度來打造俐落感。

麻辣豆腐

日幣1650元

［製作方式］

❶ 在中華鍋中淋上油（分量外），讓油充分沾滿鍋子後，去除多餘的油。放入粗牛絞肉翻炒，不要一直翻動，也不要壓絞肉。牛肉出水之後會變成有點像是用煮的，這樣會香氣不佳，因此火要大到能夠煎到絞肉兩面。等到肉汁變成透明之後再煎下一個步驟。

醬汁

「麻辣豆腐」和牛肉比較對味所以選擇牛肉。一般的炸醬會將絞肉炒到水分完全揮發，然後繼續炒到絞肉變成相當深的顏色。另外油也會盡可能少量。炒辣椒粉的時候也不添加油，以大火炒，等到爆香的時候才會加油讓鍋溫下降，用添加的油來炒豆瓣醬。豆豉如果切過才放入的話，豆豉的味道會過於強烈，因此不要切。

［材料］（容易製作的分量）

粗牛絞肉…300g
豆豉…50g
韓國辣椒粉…6g
米油…80g
郫縣豆瓣醬…40g
洗雙糖…3g
日本酒…120g
紹興酒…60g
山椒粉…適量

❷ 一直炒到牛絞肉變色，加入豆豉、韓國辣椒粉並將火轉大，將肉和辣椒粉推到鍋邊搓一下，一直炒到香氣四溢之後添加米油，將火轉小。豆豉如果切過才放入的話，豆豉的味道會過於強烈，因此不要切就放進去。

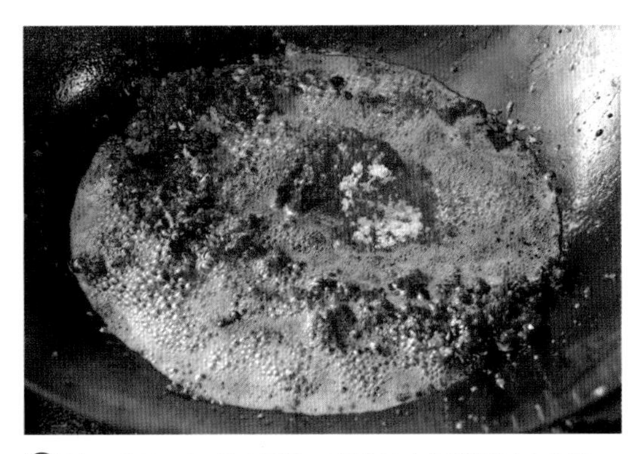

❸ 接下來放入郫縣豆瓣醬、洗雙糖之後慢慢用小火炒。

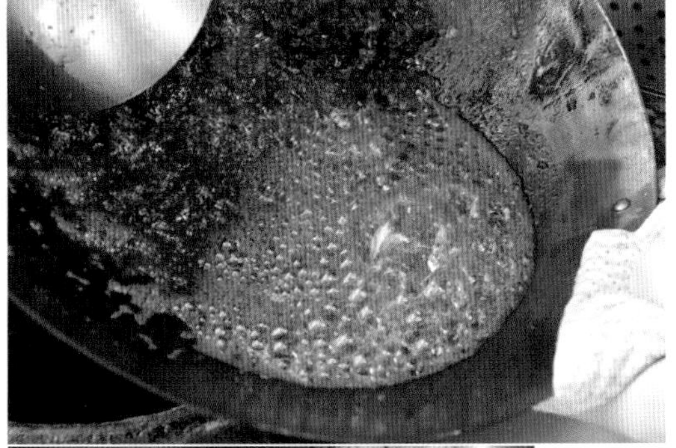

❹ 一直炒到郫縣豆瓣醬黏在鍋上，加入日本酒、紹興酒，放入山椒粉。冷卻之後放在冰箱保存。

[製作方式]

1 將辣椒粉和茴香攪拌在一起，不要用水打濕。

2 在鍋中加熱米油，維持在140℃左右。

3 將熱油淋在步驟1的材料上，靜置冷卻。

辣油

辣油幾乎都用在麻辣豆腐上，所以做成俐落的辣度。只用乾燥辣椒粉的話沒有香氣，因此使用茴香來進行提味。以低溫米油製作，辣粉也會攪拌進去使用。

[材料]

米油…100g
乾燥辣椒粉…2g（用油量的2%）
茴香…少許

『中國料理 古月 新宿』的麻辣豆腐製作方式

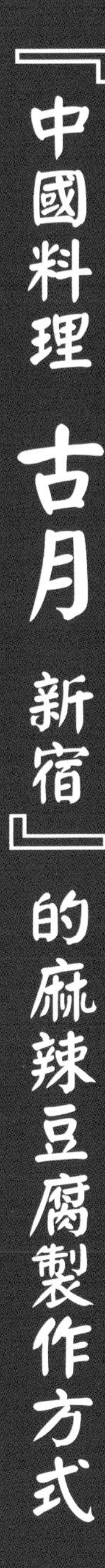

[**材料**]

醬料…P.134的1/3量
板豆腐…300g
水…120g
鹽…1g
蒜葉（切成為2cm左右）…10g
太白粉水…適量
辣油…40g
山椒粉…適量

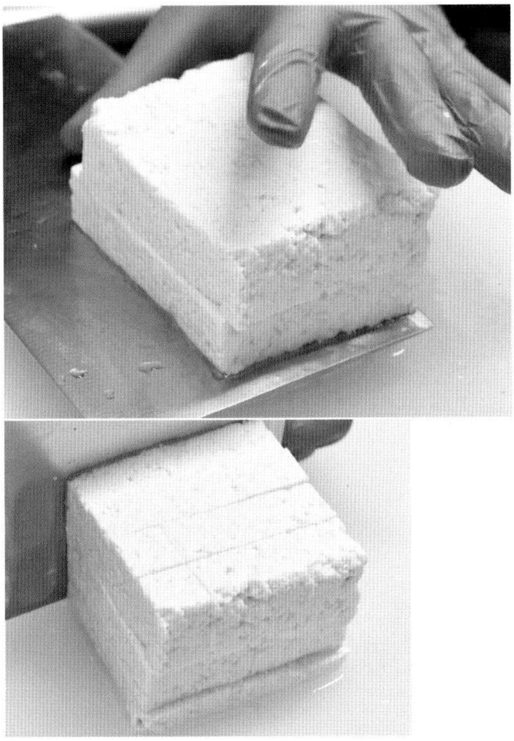

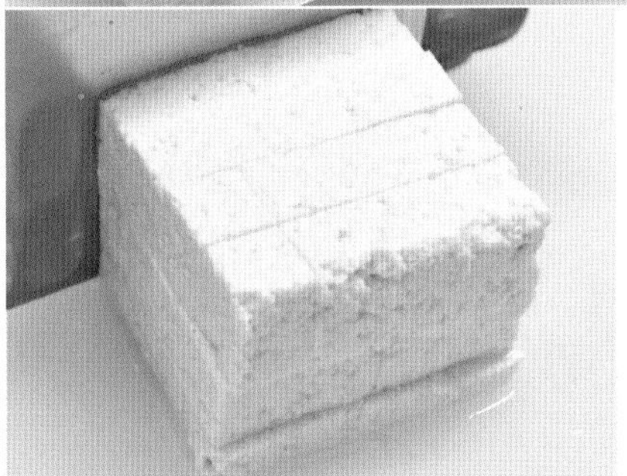

① 將豆腐切成1.5cm骰子形狀。

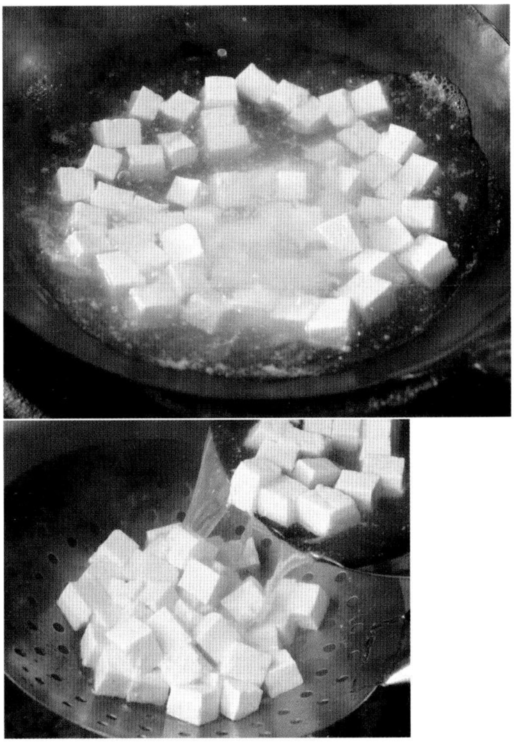

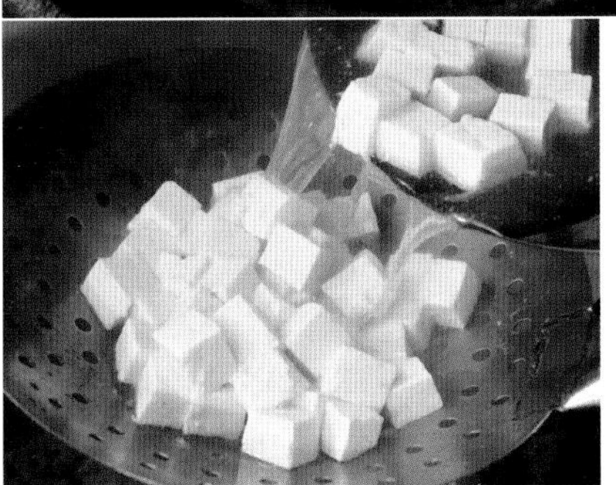

② 切好的豆腐放入鍋中，放入剛好能蓋過豆腐的水量（分量外）、1/2小匙鹽巴（分量外），以小火慢煮的火力煮到讓豆腐略略膨脹從熱水中浮起。取出瀝乾。

④ 再次把步驟3的材料放回鍋裡開火，加水。此時加水是為了加回蒸發的水分。如果使用雞骨高湯等牛肉以外的高湯會讓口味變混濁。最好是加水或者蔬菜湯。

③ 在鍋中放入醬汁和水，把豆腐放回去，以煮滾的火力熬煮大約五分鐘。關火後放到盤子裡靜置30分鐘。

⑥ 從鍋邊淋入辣油整合口味，開大火讓辣油爆香，旋轉晃動鍋子煎到豆腐會稍微沾在鍋上再裝盤。撒上山椒粉。最重要的重點就是完成時的醬汁量、太白粉勾芡的程度和辣油的狀態等。完成醬汁量較少、濃稠恰到好處的濃郁醬汁，同時以辣油的油脂及辣度給予俐落感。

⑤ 使用鹽巴調味。放入蒜葉。以太白粉水勾芡。

四川麻婆豆腐

豆花牛肉（特別菜單）

積極納入傳統口味＋嶄新料理

除了保有１９７７年創業時的口味以外，鹽野總料理長也會開發嶄新的四川料理、與日本四季更迭食材融合的四川料理等，於當地生根。

麻婆豆腐和他修業的「四川飯店」、「龍之子」一樣作為店家招牌菜色，使用添加了蒸過的蠶豆後熟成的豆瓣醬，辣油也是為了麻婆豆腐而製作的特製款。

「豆花牛肉」是修業時代向前輩學習的菜色，是客人下訂或是作為特別菜單才會出現的餐點。使用切成小塊的豆腐和已經調味的細切牛肉，豆瓣醬使用量較少，用油煎過的山椒和辣椒切碎後放上，最後淋上熱油。香氣十足、腰果和榨菜的口感在口中跳躍。與四川麻婆豆腐有著不同的辣度、感受和餘韻，是能充分凸顯「嶄新感受」的口味，據說只要吃過一次的人都會希望能再次享用。

中國四川料理 劍閣

總料理長

鹽野大輔

Daisuke Shiono

1975年出生於東京都。大學畢業後進入父親也曾修業的「赤坂 四川飯店」，修業8年後在東京原宿「龍之子」作為大廚鑽研6年。因為父親在1977年創立「劍閣」時便一路服務至今的大廚退休，因此2011年進入「劍閣」發揮所長。

中國四川料理 劍閣

地址／東京都板橋区高島平7-32-5
營業時間／11點～15點30分（L.O. 15點）、17點30分～22點（L.O. 21點30分）星期天、國定假日為11點～15點30分（L.O. 15點）、17點30分～21點（L.O. 20點45分）
公休日／星期四

四川麻婆豆腐

日幣1450元

豆花牛肉（特別菜單）

日幣2500元

炸醬肉

炒到肉汁水分完全揮發之後再調味。為了起鍋時能香氣濃郁，用來炒豬絞肉的豬油使用豬腹油來自行製作。

[材料]

豬五花肉…500g
豬油（腹油）…適量
料理酒…50ml
醬油…25ml
甜麵醬…80g
蔥油…適量

豆瓣醬

混合兩種郫縣豆瓣醬。另外加入蒸過的乾燥蠶豆作為基底的材料。熟成3個月以上後使用。

麻婆豆腐用的辣油

盡可能不要蓋過作為麻婆豆腐口味重點的豆瓣醬辣度。製作的時候重視四溢的香氣及漂亮顏色。使用辣度較為柔和的韓國辣椒細粉，撒上中國醬油、紹興酒，接著淋熱油後使用上層清澈的部分。

炸醬肉的製作方式

［製作方式］

❶ 用菜刀拍打豬五花肉，製作成較粗的絞肉。

❷ 使用自家以豬腹油製作的豬油，用來翻炒豬絞肉。要一直炒到肉汁水分完全蒸發。中間可以添加一些蔥油拌炒。

❸ 等到油變成透明的，發出霹啪翻炒聲響，就加入料理酒、然後再加入醬油拌炒。

❹ 最後加入甜麵醬拌炒。

『中國四川料理 劍閣』的四川麻婆豆腐製作方式

[材料]

板豆腐…250g
大蒜（剁碎）…1/2小匙
生薑（剁碎）…1/2小匙
豆瓣醬…1大匙
高湯…250ml
豆豉…1小匙
炸醬…2大匙
料理酒…少許
醬油…1小匙
味精…少量
胡椒…少許
蒜葉…20g
蔥（剁碎）…30g
太白粉水…適量
麻婆豆腐用辣油…1大匙
花椒油…2小匙
山椒粉…適量
白絞油…適量

[製作方式]

① 豆腐大約切成2cm塊狀。將豆腐放進加了1撮鹽（分量外）的熱水中，滾了以後就取出。

② 在鍋中熱油，翻炒大蒜及生薑，接著炒豆瓣醬。

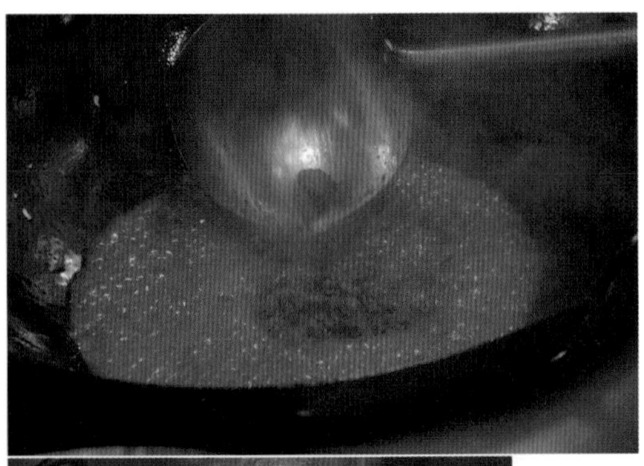

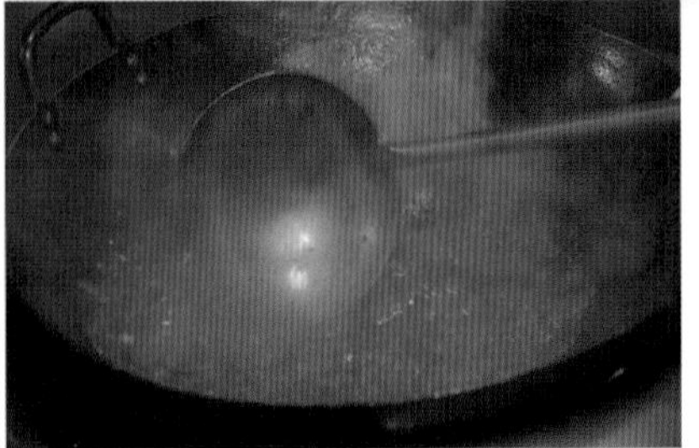

③ 添加高湯，加入炸醬和豆豉攪拌。

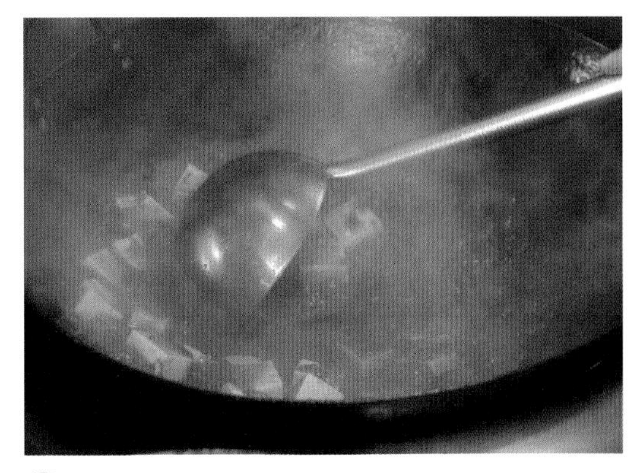

④ 加入煮過的豆腐，添加酒、醬油、味精、胡椒。

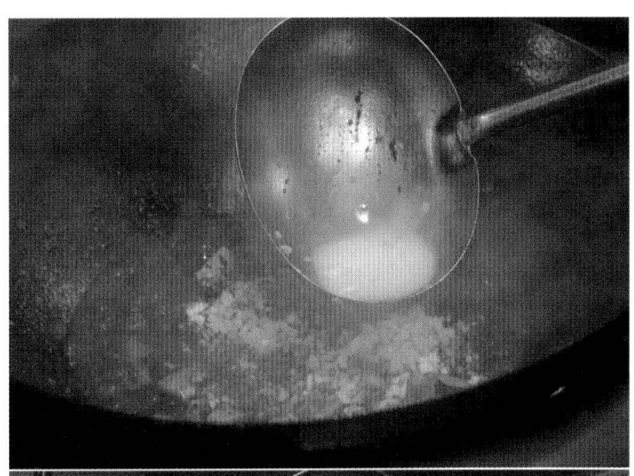

⑤ 加入蒜葉、蔥以及太白粉水。旋轉晃動鍋子調整濃稠度，注意不要弄碎豆腐。

⑥ 淋入辣油、花椒油，旋轉晃動鍋子混合。

⑦ 裝進土鍋中，撒上山椒粉。山椒粉使用花椒和青山椒混合的粉末。

『中國四川料理「劍閣」』的豆花牛肉製作方式

[材料]

板豆腐…1/2塊
牛腿肉（切細絲）…80g
花椒…1小匙
鷹爪辣椒…10條
豆瓣醬…1小匙
高湯…300ml
砂糖…1/2小匙
味精…少量
雞湯粉…1/4小匙
中國醬油…1/2小匙
醬油…1大匙
胡椒…少許
太白粉水…適量
朝天椒辣椒粉…適量
蔥白（剁碎）…適量
大蒜（剁碎）…適量
榨菜（剁碎）…適量
九條蔥（切小段）…適量
腰果（拍碎）…適量
香菜…適量
白絞油…適量

※牛肉事前調味
雞蛋、鹽、胡椒、料理酒、醬油和切成細絲的牛腿肉攪拌搓揉，最後用太白粉抓一下。

[製作方式]

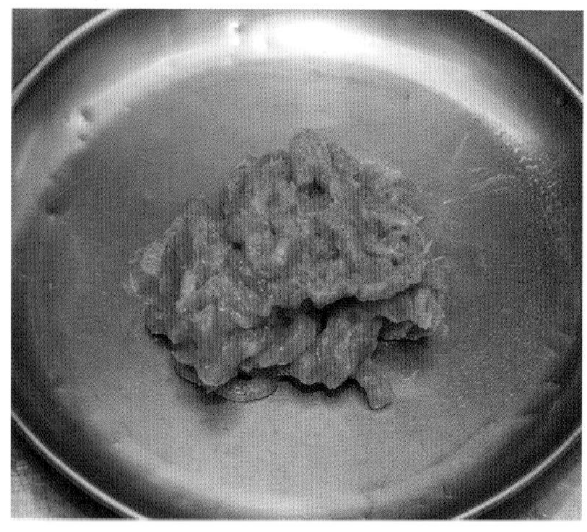

① 牛腿肉絲先調好味道以後，用太白粉抓一抓。

② 豆腐切成約6cm塊狀，放入加了1撮鹽（分量外）的熱水裡煮。

③ 調味過的牛肉過油。

④ 在鍋中熱油，仔細煎過花椒和切開後去除種子的鷹爪辣椒後，把花椒和辣椒取出。

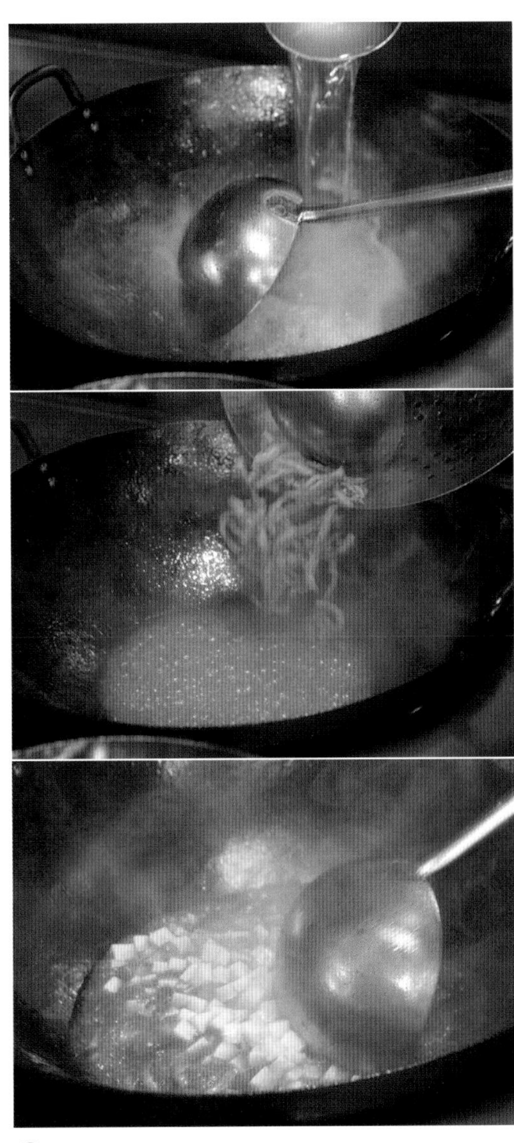

⑤ 用步驟4的油炒豆瓣醬。等到爆香後加入高湯、步驟3的牛肉、以及煮過的豆腐。

⑥ 加入砂糖、味精、雞湯粉、中國醬油、醬油、胡椒調味。最後用來妝點的榨菜本身具有鹹度，因此不加鹽。

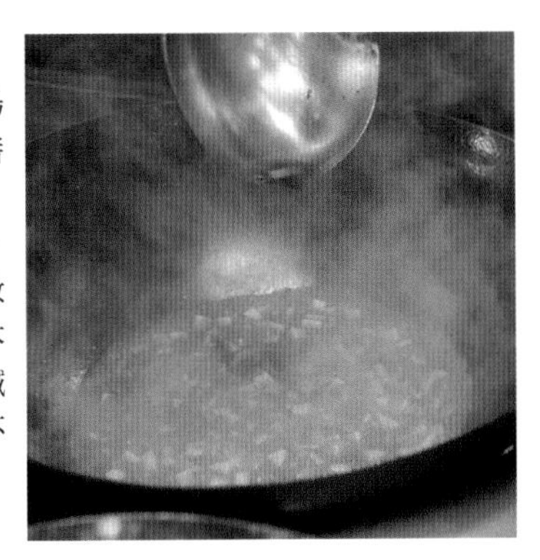

⑦ 用太白粉水勾芡。

⑧ 裝盤後將步驟4煎好的花椒和鷹爪辣椒切一切，連同朝天椒辣椒粉、蔥白、大蒜一起放在上面，然後淋上180～200℃的熱油。油溫過低的話就不會有香氣，油溫過高會讓豆瓣醬燒焦，因此要多加留心。

⑨ 最後放上榨菜、九條蔥、香菜和拍碎的腰果。請客人將整體攪拌過後享用。

四川麻婆豆腐

熱騰騰的狀態令人震撼
到最後都能享受辛辣的滋味

以主廚修業時學習的廣東料理和香港料理為基礎，提供正統中國料理菜色，一直都獲得很高的評價。除了將整隻雞拿去炸到酥脆的名菜「脆皮雞」以外，香腸、肉乾、點心類也都是店家自己製作。提供的是相當熟悉中國料理的人也會感興趣的功夫菜，自從開張以來有口皆碑。在２０１１年開張時山田主廚上傳到Youtube的「專家教你中華料理 麻婆豆腐」（プロが教える中華料理 麻婆豆腐）影片截至２０２３年底播放次數已超過２００萬次。

麻婆豆腐是大受歡迎的菜色之一。午餐的時候也會裝在土鍋裡隨著爐火一起熱騰騰上桌。為了避免炸醬過甜，豬絞肉有先調味過。蒜葉在某些季節會過硬，所以使用黃蔥。豆瓣醬則是採用郫縣豆瓣醬、減鹽豆瓣醬和香辣醬調配而成。麻婆豆腐中會添加辣粉，因此辣油帶著令人震撼的辣度，不過年長顧客多，如果加入山椒油就會過於強烈，因此就沒有放，最後步驟撒上的山椒粉也只有一點點。

四川麻婆豆腐

日幣1320元

『中華銘菜 圳陽』的四川麻婆豆腐製作方式

［材料］

板豆腐…2/3塊
混合豆瓣醬（郫縣豆瓣醬、減鹽豆瓣醬、香辣醬調配而成）…13g
大蒜（剁碎）…5g
生薑（剁碎）…少許
豆豉…1大匙
炸醬…20g
紹興酒…適量
雞骨湯…110ml
醬油…1大匙
胡椒…少許
蔥（剁碎）…1/4支
黃蔥…1/2支
太白粉水…適量
辣油…15g
山椒粉…少許
白絞油…適量

炸醬

使用甜麵醬、濃口醬油、日本酒、胡椒為豬絞肉調味。由於不要讓它被甜麵醬弄得太甜，所以雖然顏色比較淡，但豬絞肉也經過妥善的調味。

麻婆豆腐用辣油

這款辣油也會使用在擔擔麵上。以鷹爪辣椒、朝天椒辣椒粉、八角、桂皮和陳皮等10多種辛香料製作。搭配辣粉使用，是辣度較高的辣油。較為重視紅色的前菜用辣油則是另外製作。

[製作方式]

① 將豆腐切成2cm塊狀，水煮加熱。

② 在鍋中熱油，翻炒混合豆瓣醬。

③ 等到爆香後就加入大蒜和生薑拌炒，也加入豆豉炒在一起。

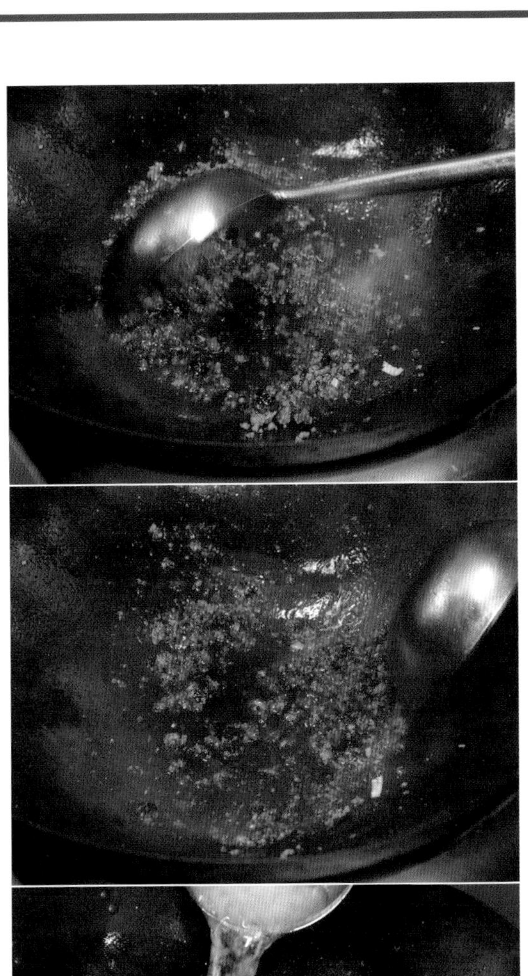

④ 添加炸醬拌炒，加入紹興酒和高湯。

⑤ 放入豆腐。加入醬油、胡椒，攪拌的時候注意不要弄碎豆腐。

⑥ 加入一半的蔥和黃蔥，熬煮的時候要一邊攪拌。

⑧ 淋入辣油，攪拌整體。

⑨ 盛裝在土鍋中，開火使其維持熱度，撒上山椒粉便完成。

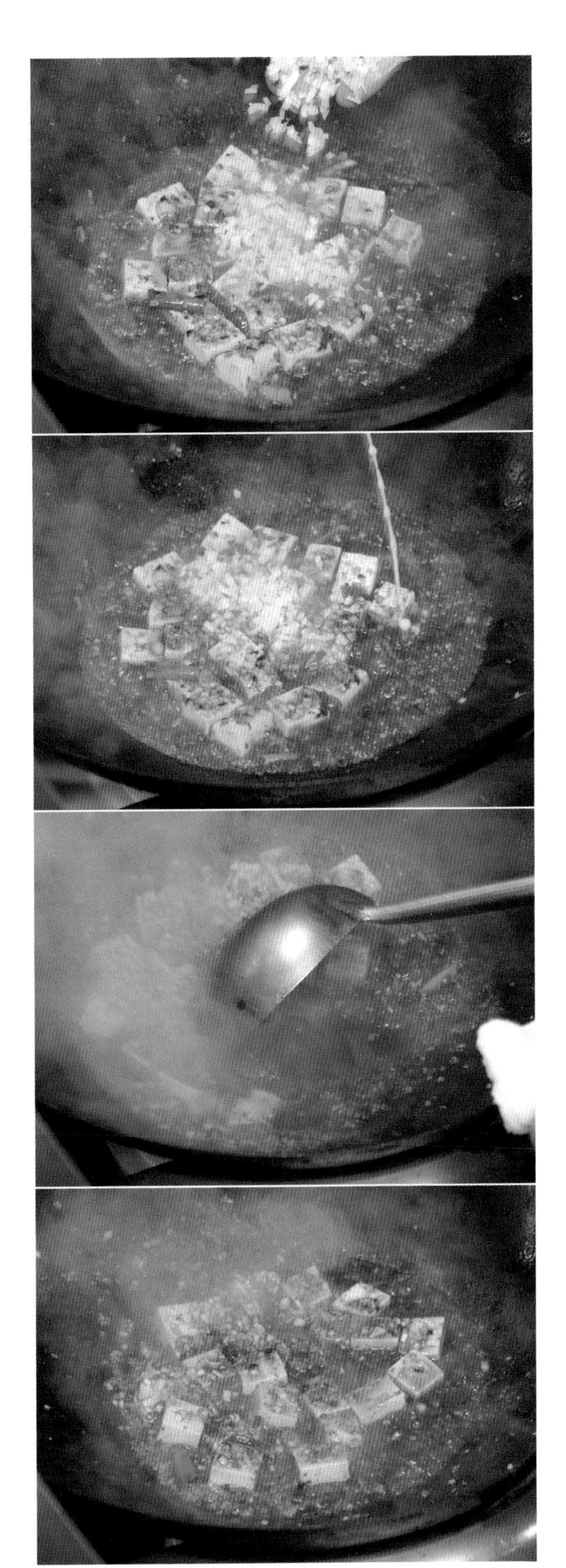

⑦ 再加入一些蔥花，添加太白粉水。為了保留蔥的爽脆感，分成熬煮前和起鍋前兩次加入。一邊旋轉晃動鍋子，讓水分蒸發到材料稍微沾鍋。

完全放牧野生牛Gibieef
手切絞肉
正宗四川陳麻婆豆腐

追求「八味」渾然一體的「四川口味」

「雲蓉」北村主廚的麻婆豆腐追求的是被認定為麻婆豆腐中不可或缺的「八味」渾然一體的口味。八味是指麻、辣、嫩（豆腐的柔軟度）、香、酥（香氣四溢的肉的酥脆）、燙（感覺好像要燙傷的熱度）、鮮（豆腐、蔬菜、調味料的鮮味）、鹹（豆瓣醬和豆豉的鮮味）。製作的時候相當重視這八味的平衡，有時客人點菜會要求「希望辣度能降低一些」，就會向客人說明這麼做會導致風味失衡，因此無法實現客人的要求。

為了做出起源於中國四川省成都的陳麻婆豆腐口味，對於調味料有一定要求。豆瓣醬是店家自製的兩年熟成品，是使用3年熟成郫縣豆瓣醬、1年熟成家常豆瓣醬、新鮮蠶豆泡菜混合後專門供麻婆豆腐使用。豆豉也是由中國四川省潼川鎮的產品。甜麵醬為店家自製。

脆臊子以滋賀縣南草津的「SAKAEYA」完全放牧野生牛Gibieef的手切絞肉製作，使用的高湯也是搭配Gibieef的清湯。豆腐用高湯過水來去除鹼分與水分，接著加熱後再與脆臊子搭配。

完全放牧野生牛Gibieef
手切絞肉
正宗四川陳麻婆豆腐

日幣2450元

自製混合豆瓣醬

[材料]（比例）

自製豆瓣醬（2年熟成）…3.5
郫縣豆瓣醬（3年熟成）…2.25
家常豆瓣醬（1年熟成）…4.5
新鮮蠶豆泡菜…1.5

新鮮蠶豆泡菜泥

自製豆瓣醬

將新鮮二荊條辣椒剁碎後與徽豆瓣、井鹽、大蒜、生薑、白酒（五糧液）混合在一起靜置。2年熟成豆瓣醬與二荊條辣椒加徽豆瓣1比1混合熟成。5年熟成豆瓣醬搭配二荊條辣椒加徽豆瓣則是5比1的比例，將鹽分濃度調高到15%。麻婆豆腐用的是2年熟成豆瓣醬與1年熟成豆瓣醬、新鮮蠶豆泡菜、郫縣豆瓣醬、家常豆瓣醬混合使用。5年熟成豆瓣醬用來作為火鍋湯底。

2年熟成豆瓣醬

5年熟成豆瓣醬

酥油豆豉

使用中國四川省成都開車1小時左右可抵達的潼川鎮製作的豆豉。將豆豉500g用水洗過後以300ml的蔥油煮，連同油一起使用。蔥油是以白絞油去炸萬能蔥、洋蔥、紅黃蔥、生薑來製作。

自製甜麵醬

[材料]

八丁味噌…1kg
濃口醬油…100ml
砂糖…500g
水…250ml
紹興酒…100ml
芝麻油…100ml
白絞油…50ml

[製作方式]

❶ 將材料在鍋中混合。

❷ 開小火，過程中要攪拌避免焦掉，煮3小時。

脆臊子

[材料]

牛絞肉（Gibieef的腿肉）…1kg
自製甜麵醬…60g
濃口醬油…30g
料理酒…30g
生薑（剁碎）…15g
白絞油…200ml

[製作方式]

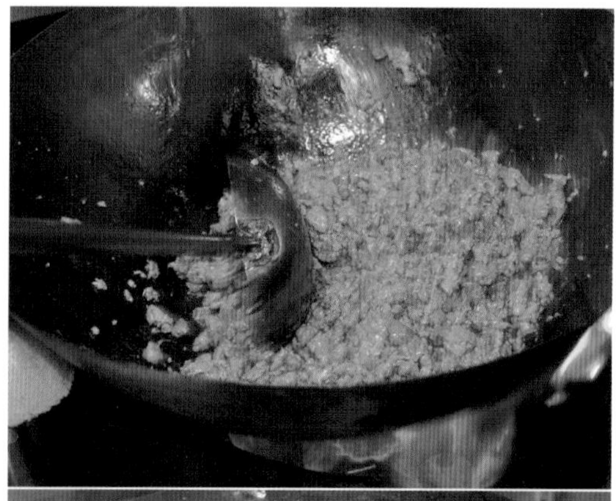

❶ 在鍋中熱油，仔細翻炒牛腿絞肉。

Gibieef清湯

以大火熬煮滋賀縣南草津「SAKAEYA」的完全放牧野牛Gibieef的腿骨來提取出白湯。將白湯搭配Gibieef的牛腱及牛腿肉熬煮後再取上層清湯。

刀口海椒與刀口花椒

四川省與貴州省的辣椒，去除種子後乾炒切碎。

❷ 等到鍋中的油變透明，就加入生薑、料理酒、醬油繼續翻炒。

❸ 充分翻炒後再添加甜麵醬，攪拌均勻。

❹ 取出最後要用於妝點麻婆豆腐用的量。

❺ 將拿出來的脆臊子（適量）加點油之後再繼續炒到酥脆，這是最後裝飾用的。

『中國菜 四川 雲蓉』的完全放牧野生牛Gibieef手切絞肉正宗四川陳麻婆豆腐

[材料]

脆臊子…50g
板豆腐…300g
Gibieef清湯※…150ml
自製混合豆瓣醬※…25g
雞湯…400ml
酥油豆豉…10g
海椒辣椒粉…10g
大蒜（剁碎）…5g
蔥白（剁碎）…30g
蒜葉與九條蔥（1比1）
…50g
醬油…5ml
料理酒…5ml
太白粉水…適量
刀口花椒（花椒粉）…少許
刀口海椒※…少許
花椒油…5ml
雞油…15ml

[製作方式]

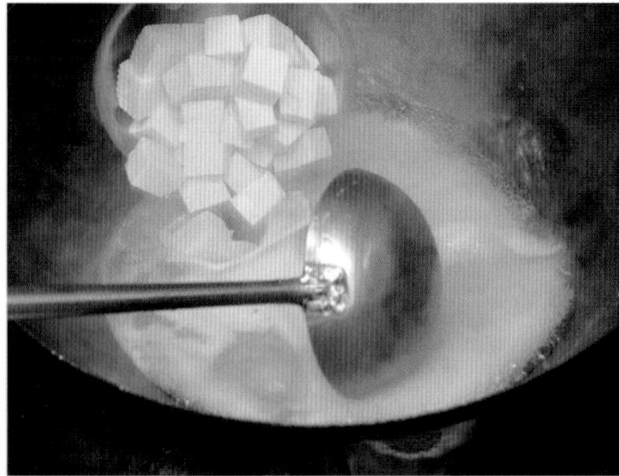

① 將Gibieef清湯（200ml）和雞湯（400ml）、鹽6g混合加熱。將切成骰子狀的豆腐快速過個湯。

② 熱鍋拌炒大蒜、自製混合豆瓣醬、酥油豆豉、海椒辣椒粉，然後加入脆臊子炒在一起。

③ 添加Gibieef清湯，放入煮過的豆腐、醬油、蒜葉及九條蔥、蔥白之後熬煮。

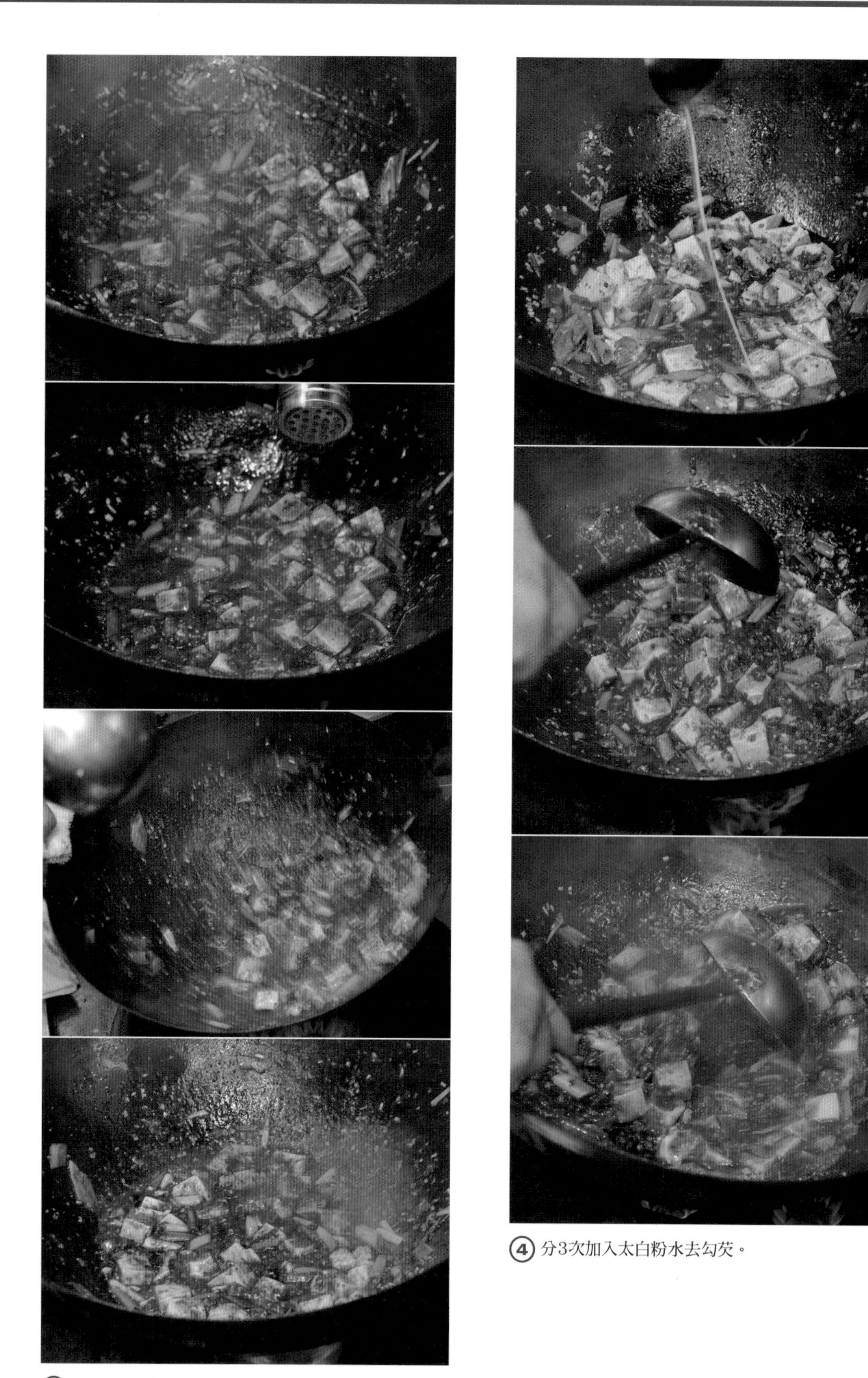

④ 分3次加入太白粉水去勾芡。

⑤ 使用雞油、花椒油、刀口花椒、刀口海椒來調配香氣。

⑥ 裝盤。放上妝點用的脆臊子，然後撒上花椒粉。

麻婆豆腐

辣度、濃郁、鮮味、香氣均衡呈現

麻婆豆腐的目標口味是調味料的均衡，而非只有辣度的口味。宮田主廚修業時以廣東料理為主，因此除了以豆瓣醬作為基礎的辣度以外，也使用蠔油和砂糖。用來搭配的辣油也重視香氣勝於辣度，挑選適合的辣椒、香料蔬菜和香料來製作。

他使用卡爾瓦多斯酒打濕辣椒粉。這是在多方嘗試後呈現出了很棒的香氣，因此使用卡爾瓦多斯。另外還使用大德寺納豆取代豆豉，添加了獨特的鮮味以及酸味。豆腐如同中國四川使用的豆腐，採用以硫酸鈣而非鹽滷凝固的軟質板豆腐，追求豆腐的口感。該店年長顧客較多，這款在辣度、濃郁、鮮味方面都均衡的麻婆豆腐評價也相當高。

麻婆豆腐

日幣1800元（附白飯與湯）

軟質板豆腐

麻婆豆腐選用的是跟中國四川的豆腐一樣，使用硫酸鈣而非鹽滷凝固的軟質板豆腐，如此一來豆腐的口感也能更上一層樓。

自製辣油

製作辣油的時候重視香氣更勝辣度。使用芹菜葉、生薑皮、大蒜不切片而是搗碎後以油爆香都是為了讓香氣能夠更容易轉移到油當中。朝天椒如果切過再爆香的話辣度會非常強，因此爆香前不切開。加入紫草就能夠讓油變成漂亮的紅色。另外在打濕辣椒粉的時候使用的是卡爾瓦多斯酒。原先也試用過蘭姆酒、桂花陳酒、白酒等，但卡爾瓦多斯酒營造出來的香氣較佳。照片裡面製作的辣油量是1星期用。辣油也會使用在前菜或者午餐的擔擔麵當中。

豆瓣醬

郫縣豆瓣醬（3年熟成）、四川豆瓣醬（微粒）搭配在一起之後以食物處理機打成泥使用。

大德寺納豆

麻婆豆腐使用大德寺納豆取代豆豉。目的是展現出與豆豉不同的鮮味搭配獨特酸味，讓麻婆豆腐展現自己的特色。

自製辣油

[材料]

白絞油…4L
芝麻油…1L
辣椒粉…625g
滿天椒…70g
朝天椒…70g
花椒…50g
八角…10g
老陳皮…10g
桂皮…10g
紫草…10g
青蔥葉…適量
芹菜葉…適量
大蒜…20顆
生薑（切片）…適量
卡爾瓦多斯酒…適量

[製作方式]

❶ 以卡爾瓦多斯酒（蘋果白蘭地）打濕辣椒粉。加入的量大概是握起辣椒粉可以稍微凝固的程度。辣椒粉是將細粉375g、粗粉125g、滿天椒辣椒粉125g混合。

❷ 在鍋中放油並開火，放入紫草，接著放芹菜葉、青蔥葉、生薑。生薑削下來的皮因為也很香所以一樣要放進去。大蒜很容易燒焦所以之後再放。

❸ 等到生薑炸成黃金色就加入搗碎的大蒜。

❹ 在蔥快要完全變成黑色之前就把蔥、芹菜葉、生薑、大蒜和紫草都撈起來，慢慢加入滿天椒、朝天椒、花椒、八角、老陳皮、桂皮，慢慢混合爆香。

❺ 在辣椒完全變成黑色之前用篩網撈起來，這在之後還要放回來。

❻ 取出辣椒等材料後將熱油淋在步驟1的辣椒粉上。淋油後用打蛋器混合。

❽ 等到油穩定下來以後，把步驟5拿出來的辣椒、花椒、八角、老陳皮和桂皮放回去，包上保鮮膜以確保香氣能夠轉移到油中。以此狀態靜置一天以上再過濾。過濾之後留下的辣粉可以用在醬料當中，或者放一些到外帶用的辣油小瓶裡。

❼ 全部的油都加進去混合之後，靜置到不再咕嘟冒泡。

『NAKANO中華！Sai』的麻婆豆腐製作方式

[材料]

炸醬…35g
軟質板豆腐…2/3塊
大蒜（剁碎）…10g
生薑（剁碎）…5g
豆瓣醬…20g
大德寺納豆…3g
紹興酒…15g
蠔油…3g
醬油…5g
溜醬油…2g
鹽…1g
砂糖…4g
白胡椒…少許
花椒粉…1g
自製辣油…15g
高湯（二次）…150g
青蔥（切小段）…10g
太白粉水…適量
白絞油…適量

[製作方式]

① 熱油翻炒豆瓣醬。

② 爆香以後加入大蒜、生薑，火關小一點來炒。

③ 接著加入大德寺納豆、炸醬、紹興酒繼續拌炒。

④ 放入切成骰子狀的豆腐。如果先煮過會讓豆腐的風味變淡，所以直接放入。倒入高湯到剛好蓋過材料。

⑤ 加入高湯稍微熬煮一下，加入蠔油、醬油、砂糖、鹽、胡椒。

⑥ 高湯滾了以後加入花椒粉、青蔥、溜醬油、花椒油、辣油。

⑦ 最後用太白粉水稍微勾芡一下。

起司麻婆豆腐（小）

麻婆豆腐（中）

八成以上客人會點的菜 掀起一片歡呼的麻婆豆腐

「方哉」的麻婆豆腐不管在午餐或者晚餐時段都相當受歡迎。以前只有中等分量（４人份），但後來準備了一半的小分量（２人份）以後反而更多人點。除了麻婆豆腐以外還有起司麻婆豆腐。放上融化的起司，再用火焰槍烤到香氣四溢的麻婆豆腐相當受女性歡迎。另外麻婆豆腐會使用明火連同器皿一起加熱，以沸騰狀態上桌，送上桌時總能聽見客人歡呼。「小」會使用西班牙蒜油料理的小鍋、「中」則是鱉火鍋的器皿。咕嘟咕嘟的狀態會持續好一會兒，也有很多客人會特地拍攝影片。由於這些用心，麻婆豆腐在晚餐時段是高達八成的客人都會點的熱門菜色。

為了打造好吃且顧及身體健康的中國料理，構思菜單的時候一概不使用味精，麻婆豆腐當然也是如此。麻婆豆腐的辣度也可以選擇5倍（日幣50元）、10倍（日幣１００元）、20倍（日幣２００元）。辣度使用自製的「火鍋素材」來調整。

日幣1400元

麻婆豆腐（中）

日幣1800元

自製天然調味料

乾干貝、金華火腿、昆布、乾香菇、魷魚泡水一天後蒸3小時。然後加入鹽、味醂、砂糖做成調味料。由於不使用味精，因此結合天然高湯素材的鮮味來做成調味料廣泛活用。

山椒粉

搭配花椒與青山椒，做出香氣十足的山椒粉。青山椒與花椒的比例為1比3。為了保有爽脆口感，且讓山椒的香氣與辣度在口中擴散，兩種都只有稍微研磨一下就混合在一起。

自製火鍋素材

讓麻婆豆腐辣度變成「5倍」、「10倍」時添加的是「自製火鍋素材」。以自製辣油為基底，除了豆瓣醬、辣椒以外還添加八角、桂皮、茴香、甘草、當歸等，做成除了辣度以外還帶著藥膳風格的口味。

[製作方式]

❶ 油放入鍋中加熱，炒豬絞肉。豬絞肉使用較粗的。

❷ 等到絞肉散開就加入醬油、中國醬油攪拌。

炸醬

炸醬也會用在擔擔麵上。擔擔麵也是午餐相當受歡迎的菜色，包含添加番茄泥的「一顆番茄擔擔麵」和淋上青山椒製作的椒麻醬的「清龍 擔擔麵」等7種口味，因此選擇將豬肉確實調味後，把炸醬本身的口味做成容易活用的簡單味道。

[材料]

豬絞肉…500g
白絞油…30ml
醬油…50ml
中國醬油…25ml
砂糖…30g

❹ 關火靜置1小時讓味道滲入。

❸ 等攪拌均勻之後加入砂糖。整體再攪拌一下，用小火煮20～30分鐘。為了做出清爽的甜味所以使用砂糖。

辣油

為了不要讓辣度搶了鋒頭，辣椒粉選用韓國產。將粗粒辣椒粉、細粒辣椒粉（偏甜口味）、細粒辣椒粉等量混合使用。加入香料蔬菜、辛香料時要調整油溫，打造出豐富香氣。上面清澈的部分作為辣油，下方沉澱的辣粉則是用在想強調辣度的菜色上。麻婆豆腐使用的辣油會稍微混入一點辣粉。

[材料]

白絞油…500ml
青蔥…200g
山椒（花椒1對青山椒1）…40g
辣椒粉…300g
八角…8個
桂皮…4片
月桂葉…5片

[製作方式]

1 辣椒粉以水打濕後混合。

2 加熱白絞油，放入蔥頭、生薑（皆分量外）爆香。

3 等油滾了以後就放入山椒。爆香以後過濾。

❻ 油溫上升後，將油淋在打濕的辣椒粉上，接著攪拌。重複此動作，混合熱油的時候注意不要讓辣椒粉燒焦。接下來靜置冷卻。

❹ 轉中火，加入八角、桂皮熬煮。

❺ 等到香氣出來以後就放入月桂葉，開大火提升油溫。

『Chinese Dining 方哉』的起司麻婆豆腐（小）製作方式

[材料]

嫩豆腐…2/3塊（200g）
炸醬…40g
生薑（剁碎）…3g
大蒜（剁碎）…3g
芽菜（剁碎）…3g
豆豉…3g
紅油豆瓣醬…8g
紹興酒…20ml
高湯…150ml
醬油…10ml
細砂糖…8g
天然調味料…10ml
中國醬油…10ml
蒜葉…8g
綜合起司…50g
胡椒…適量
山椒粉…適量
白絞油…適量
辣油…適量
太白粉水…適量

[製作方式]

① 將豆腐對半橫切後，縱向切成3等分，再橫向切4等分後瀝乾。

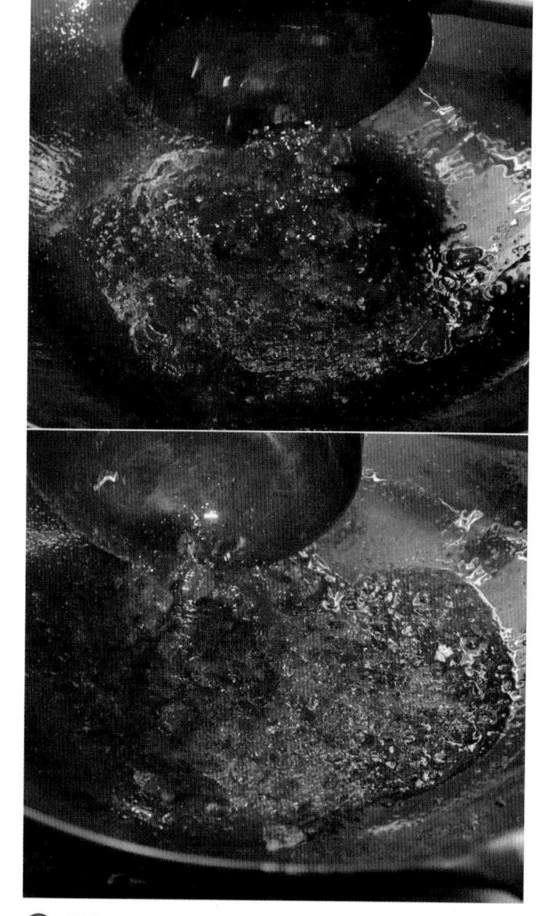

② 熱油翻炒豆瓣醬。炒到起泡出現香氣，注意不要燒焦。

③ 放入大蒜、生薑、芽菜、豆豉拌炒。豆豉不要切，直接放進去。

④ 添加高湯、醬油、天然調味料、細砂糖、中國醬油、瀝乾的豆腐、炸醬。一直煮到豆腐邊角稍微變得圓潤、膨脹而溫熱。

⑤ 撒上胡椒、放入蒜葉。蒜葉切寬一點就能保留香氣又留下口感。

⑥ 添加太白粉水，攪拌時注意不要弄碎豆腐，一直加熱到收乾。

⑧ 放上起司，用噴槍烤香之後上桌。

⑦ 淋上辣油，裝盤時注意不要弄碎豆腐，然後直接加熱。

『Chinese Dining 方哉』的麻婆豆腐（中）製作方式

[材料]

嫩豆腐…300g
炸醬…80g
生薑（剁碎）…5g
大蒜（剁碎）…5g
芽菜（剁碎）…5g
豆豉…5g
紅油豆瓣醬…15g
紹興酒…20ml
高湯…150ml
醬油…20ml
細砂糖…10g
天然調味料…20ml
中國醬油…10ml
胡椒…少許
蒜葉…8g
辣油…適量
山椒粉…適量

[製作方式]

① 將豆腐對半橫切後，縱向切成3等分，再橫向切4等分後瀝乾。

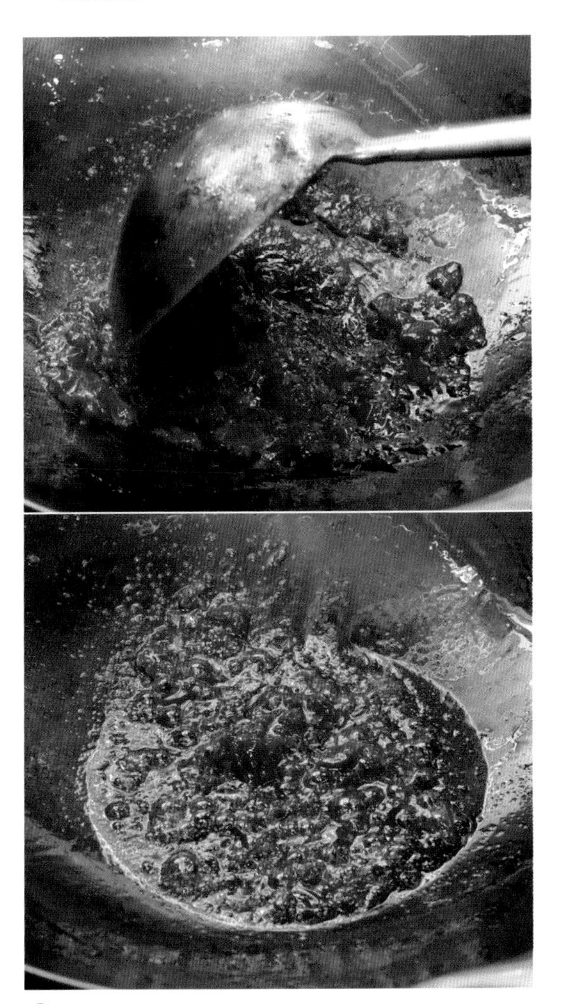

② 熱油翻炒豆瓣醬爆香。

③ 拌炒大蒜、生薑、芽菜、豆豉，加入紹興酒。

④ 添加高湯。為了避免最後太水，請控制用量。

⑤ 調合醬油、細砂糖、中國醬油、天然調味料、炸醬。

⑦ 等到確定味道以後撒上胡椒、加入蒜葉，用太白粉水勾芡。起鍋前要留下蒜葉的口感。

⑧ 淋上辣油，如果辣度是5倍或10倍就在此時加入火鍋素材。

⑨ 裝到小鍋裡並開火煮到沸騰。為了讓表面上看起來紅一些，再添加辣油，並且多灑些山椒粉上桌。

⑥ 加入豆腐，搖動鍋子讓整體混合均勻，煮和攪拌的時候不要讓豆腐碎掉。

TITLE

人氣名店的絶品麻婆豆腐技術

STAFF

出版　瑞昇文化事業股份有限公司
編著　旭屋出版編輯部
譯者　黃詩婷

創辦人／董事長　駱東墻
CEO／行銷　陳冠偉
總編輯　郭湘齡
責任編輯　徐承義
文字編輯　張聿雯
美術編輯　謝彥如
國際版權　駱念德　張聿雯

排版　二次方數位設計　翁慧玲
製版　明宏彩色照相製版有限公司
印刷　龍岡數位文化股份有限公司

法律顧問　立勤國際法律事務所　黃沛聲律師
戶名　瑞昇文化事業股份有限公司
劃撥帳號　19598343
地址　新北市中和區景平路464巷2弄1-4號
電話　(02)2945-3191
傳真　(02)2945-3190
網址　www.rising-books.com.tw
Mail　deepblue@rising-books.com.tw

初版日期　2024年1月
定價　550元

國家圖書館出版品預行編目資料

人氣名店的絶品麻婆豆腐技術 / 旭屋出版編輯部編著；黃詩婷譯. -- 初版. -- 新北市：瑞昇文化事業股份有限公司, 2024.01
192面；　19x25.7公分
ISBN 978-986-401-695-2(平裝)

1.CST: 豆腐食譜 2.CST: 中國

427.33　　112020268

Ninkiten no Mabodoufu no Gijyutsu